はじめに

・・・・・・

　起業や組織では、会計情報や営業成果、顧客情報など、業務によって生まれたデータが日々蓄積されています。こうしたデータは、今後の業務に大いに活かすことができる宝の山です。しかし、多くのデータは単なる数値や文字の情報として記録されており、ただちにそこから有益な分析を行うことは容易ではありません。こうしたデータを有効に活用するには、単なる数値や文字の情報を、ひと目でわかるグラフやチャートなどのビジュアルによって可視化することが欠かせません。

　Power BIは、そのようなデータの可視化を簡単に実現できる代表的なツールです。異なる種類のデータを一度に読み込み、必要なデータだけに絞り込んだうえ、集計表やグラフ、チャートなどをドラッグ操作ですばやく作成することができます。また、Power BIはデータのビジュアル分析機能も豊富に備えており、効率的なデータ分析に役立ちます。

　本書では、はじめての方でも迷わないよう、Power BIの使い方を1から丁寧に解説しています。学習を進めながらできることを増やしていき、ぜひ日々の業務に活用していただければ幸いです。

2023年10月
FOM出版

本書の目的

本書では、Power BIを使ってデータ分析を始めたい人や、データ分析を自己流でやっているものの
うまく使いこなせない人を対象に、Power BIの操作方法とデータの分析方法を解説していきます。

各CHAPTERの内容について

　まずCHAPTER 1では、Power BIの基本的な内容を学習します。Power BIでできること、
Power BIを構成するツール、ライセンスの種類などについて確認します。
　CHAPTER 2では、Power BIを導入する方法を学習します。サービスの開始方法やサインイン・
サインアウトの方法のほか、アプリケーションのパソコンへのインストール方法も確認します。
　CHAPTER 3からは、Power BIの具体的な操作方法について学習していきます。Power BIで使
用するコンテンツや作業の流れ、各画面の構成を押さえたうえで、MicrosoftのPower BIラーニン
グサイトに用意されているサンプルファイルを使用して、基本的な操作方法を確認します。また、グラ
フの基になるデータソースの確認方法や、各データのつながりや関係性の確認方法なども解説します。

グラフなどを作成・編集す
る画面の構成や、基本操作
を確認します。

各データのつながり・関係
性を示す画面など、いくつ
かの画面があるため、それ
ぞれを切り替えられるよう
にします。

CHAPTER 4では、サンプルのExcelブックのデータをPower BIで取得する方法を学習します。さらに、複数のデータをまとめる方法、必要なデータのみ抽出する方法、不要なデータを削除する方法、列を追加し必要なデータを追加する方法など、データの加工方法も確認します。

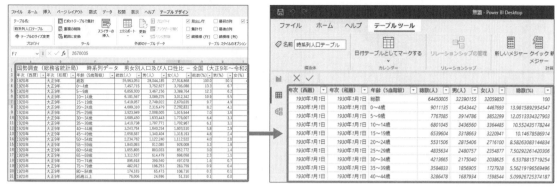

まずExcelブックのデータをPower BIで取得し、扱えるようにします。

そのうえで、抽出機能を使って列のデータから必要なデータを追加するといった、データの加工方法を学習します。

CHAPTER 5では、グラフを使ってデータをビジュアル化する方法を具体的に学習します。棒グラフ、折れ線グラフ、円グラフなどを作成する方法、グラフを見やすく整える方法のほか、作成時の注意点についても確認します。

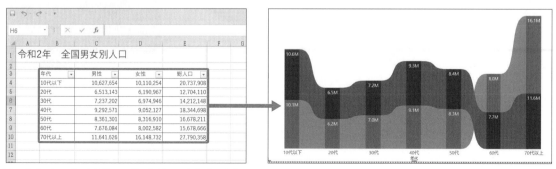

Excelブックのデータを基に、様々なグラフを作成します。

CHAPTER 6 では、データの階層を掘り下げるドリル機能や、複数のグラフと連動してデータを絞り込むクロスフィルター機能など、データを分析する際に利用する機能の操作方法を学習します。また、グラフに定数線・最大値線・最小値線などを追加して効率的に分析する方法も確認します。

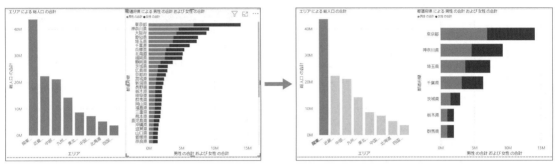

クロスフィルター機能を利用すれば、複数のグラフを連動させながら選択したデータの情報のみ表示することができます。

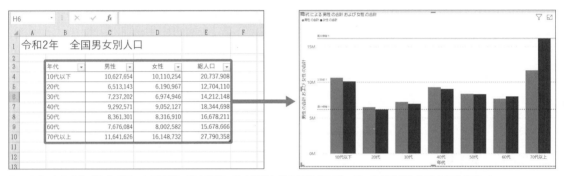

Excelブックから作成したグラフに定数線・最大値線・最小値線などを追加すれば、データが分析しやすくなります。

最後のCHAPTER 7では、複数のビジュアルを見やすくまとめることができるダッシュボードの作成方法や、自動作成した複数のレポートをPowerPointにエクスポートする方法など、便利な使い方を学習します。

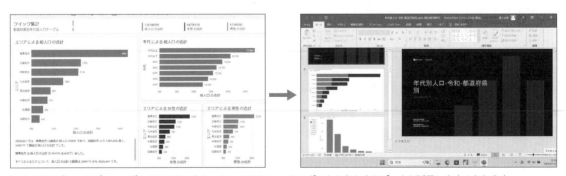

作成したレポートをダッシュボードにまとめたり、PowerPointにエクスポートしたりすれば、より活用しやすくなります。

ExcelとPower BIの違いについて

Excelを使ってデータの抽出や分析業務を行っている人も多いでしょう。ただし、Power BIはよりデータ分析に適した機能が多いため、本格的にデータ分析を行うなら、ぜひ活用したいツールです。

各機能	Excel と Power BIの違い
データ処理と容量	Excelは比較的小規模のデータ処理に向いており、データ容量にも限界がある。一方、Power BIは大容量のデータを迅速に処理することができ、複雑な分析も可能。
可視化と分析	Excelでもグラフやチャートを作成できるが、グラフの基になる表を作成するなど準備が必要な場合がある。その点Power BIは、項目をドラッグ＆ドロップするだけでグラフが作成でき、グラフの種類の変更や加工も容易なため、分析に専念できる。
リアルタイムデータ	Excelでは手動でデータを更新して最新データを反映する必要があるが、Power BIはリアルタイムのデータ更新に対応している。
共同作業と共有	Excelではファイルの共有が限定的で、同時編集が難しいが、Power BIはクラウド上で簡単にデータを共有できる。複数のユーザーが同時にデータにアクセスしてビジュアルを編集することも可能。

Excelは優れた表計算ツールですが、扱えるデータ容量に限界があり、またファイルの共有や共同編集が難しいため、データの一元管理に不向きです。その結果、企業内で同じデータが複数のファイルとして存在したり、最新情報の反映に手間がかかったりしてしまいます。

その点Power BIは、データに接続して扱うため、常に最新データが反映され、分析に必要な複数のデータを同時に取り込んで可視化することも容易にできます。Power BIは分析に特化したツールであるため、大容量のデータの分析と可視化、リアルタイムデータの分析、組織内での共同作業に優れています。

またPower BIは、Microsoft 365の操作性に近いうえ、初めての人でも気軽に操作できるようわかりやすい画面構成になっています。ITの専門的な知識がなくても利用できるため、業務部門が主体となって効率よくデータ分析を行うことができます。

ぜひPower BIをうまく使いこなし、企業のデータを積極的に可視化して、分析業務に役立ててください。

CONTENTS

CHAPTER **4** データを取得・加工しよう

CHAPTER 5 データをビジュアルで可視化しよう

CHAPTER 6 ビジュアルで分析しよう

CHAPTER
7

レポートをダッシュボードにまとめよう

本書をご利用いただく前に

本書で学習を進める前に、ご一読ください。

1 本書の記述について

本書で説明のために使用している記号には、次のような意味があります。

記　述	意　味	例
「　」	重要な語句や用語、操作対象、画面の表示を示します。	「ホーム」タブの「列の削除」をクリックする

▶ POINT　Power BIを操作する際の注意事項や便利なテクニックについて紹介しています。

📖 COLUMN　本文の内容と関連がある応用的な内容や、補足事項について解説しています。

2 製品名の記載について

本書で説明のために使用している記号には、次のような意味があります。

正式名称	本書で使用している名称
Microsoft Power BI	Power BIサービス、Power BI Desktop、Power BIモバイル
Microsoft Windows 11	Windows 11
Microsoft Windows 10	Windows 10
Microsoft Excel for Microsoft 365	Excel

3 学習環境について

　本書は、インターネットに接続できる環境で学習することを前提にしています。

　また、本書の記述は、2023年8月時点のPower BI Desktop、Windows 11に対応していますが、使用する製品やバージョンによって画面構成・アイコンの名称などが異なる場合があります。

　本書を開発した環境は、次のとおりです。

ソフトウェア	バージョン
Power BI Desktop	Power BI Desktop (バージョン 2.119.986.0 64-bit)
OS	Windows 11 Pro (バージョン 22H2 ビルド 22621.1992)
Excel	Microsoft Excel for Microsoft 365 MSO (バージョン 2307 ビルド 16.0.16626.20086)

※本書は、2023年8月時点の情報に基づいて解説しています。今後のアップデートによって機能が更新された場合には、本書の記載の通りに操作できなくなる可能性があります。

※Windows 11のバージョンは、■(スタート)(→「すべてのアプリ」)→「設定」→「システム」→「バージョン情報」で確認できます。Excelのバージョンは、「ファイル」タブ→「アカウント」→「Excelのバージョン情報」で確認できます。

※Power BIサービスのライセンスを取得するには、職場または学校のメールアドレスを使用する必要があります。個人向けプロバイダーが提供しているメールアドレスや、「Gmail」「Yahoo!メール」「Outlook.com」といった無料メールサービスのメールアドレスでは登録できません。

4 学習ファイルのダウンロードについて

　本書で使用するファイルは、FOM出版のホームページで提供しています。ダウンロードしてご利用ください。

※アドレスを入力するとき、間違いがないか確認してください。

ホームページアドレス	検索用キーワード
https://www.fom.fujitsu.com/goods/	FOM出版

ダウンロード

学習ファイルをダウンロードする方法は、次の通りです。

---

1. Web ブラウザーを起動し、FOM 出版のホームページを表示します（アドレスを直接入力するか、「FOM 出版」でホームページを検索します）。
2. 「ダウンロード」をクリックします。
3. 「アプリケーション」の「Power Platform」をクリックします。
4. 「よくわかる Power BI ではじめるビジュアル分析入門 FPT2307」をクリックします。
5. 「書籍学習用データ」の「fpt2307.zip」をクリックします。
6. ダウンロードが完了したら、Web ブラウザーを終了します。

※ダウンロードしたファイルは、パソコン内の「ダウンロード」フォルダーに保存されます。

学習ファイル利用時の注意事項

・学習ファイルには、各SECTIONで使用するExcelファイルが含まれています。あらかじめ「Cドライブ」に「Sample-PowerBI」フォルダーを用意し、SECTIONごとに、そこに該当するファイルをコピーして使用してください。
・ダウンロードした学習ファイルを開く際、そのファイルが安全かどうかを確認するメッセージが表示される場合があります。学習ファイルは安全なので、「編集を有効にする」をクリックして、編集可能な状態にしてください。
・学習データに含まれる画像データなどを複製して他のデータに利用することは禁止されています。

5 本書の最新情報について

本書に関する最新のQ&A情報や訂正情報、重要なお知らせなどについては、FOM出版のホームページでご確認ください（アドレスを直接入力するか、「FOM出版」でホームページを検索します）。

※アドレスを入力するとき、間違いがないか確認してください。

ホームページアドレス	検索用キーワード
https://www.fom.fujitsu.com/goods/	FOM出版

1

Power BI の 基本を押さえよう

· · · · · · ·

Power BI の扱い方を覚える前に、
そもそも Power BI とはどのようなツールであり、
Power BI でどのようなことができるのかを
具体的に見ていきましょう。
またライセンスの種類も理解し、
適切に選択できるようにしましょう。

Power BIとは

Power BI は Microsoft が提供する BI ツールです。Microsoft 365 と似た操作性を備え、大量のデータやリアルタイムの情報を迅速に分析・可視化できるため、業務部門での利用に適しています。具体的にその特徴を見ていきましょう。

Power BIはデータを可視化するBIツール

　企業では、日々の営業活動によって様々なデータが発生します。例えば、取引情報や財務情報、SNS のアクセス情報などです。しかし、これらのデータは個別のシステムで管理されていることが多く、ファイルの種類やデータの発生頻度も異なるため、一元管理して総合的な分析を行うのは困難です。

　そこで役立つのが、BI（ビジネス・インテリジェンス）ツールです。BI ツールは、異なる種類のデータを一度に読み込み、必要なデータだけに絞り込んだうえ、集計表やグラフなどを作成し、データを可視化するツールです。例えば、取引情報と財務情報を結び付けて分析したり、日々変化する SNS のアクセス情報を取引情報と組み合わせて可視化したりすることが可能です。

　そのような BI ツールの中でも、特に扱いやすさに優れているのが Power BI です。すばやくデータを可視化することができるため、各データの意味や傾向が把握しやすくなります。その結果、有益な情報を迅速に作成し、スピーディな意思決定に活用できます。

●既存システムのデータをそのまま可視化できるPower BI

Aシステム　　　　　Bシステム　　　　　Cシステム

取引情報　　　　　財務情報　　　　　アクセス情報

BIツール
Power BI

ドラッグ&ドロップで感覚的に操作できる

Power BIでは、使う項目（フィールド）をドラッグ&ドロップするだけで、グラフや表を作成することができます。ITの難しい専門知識はいりません。また、Excelのデータはもちろん、データベースやWeb上のデータといった様々なデータに接続・統合して、リアルタイムに分析することができるため、迅速に情報を可視化できます。さらに、ローカルPCや組織のサーバー内のデータ、またクラウド上のデータなど、保管場所が異なるデータも利用できます。しかも、各ファイルの種類の違いを意識する必要はありません。必要なデータを組み合わせて自由に分析できるPower BIは初めての導入におすすめです。

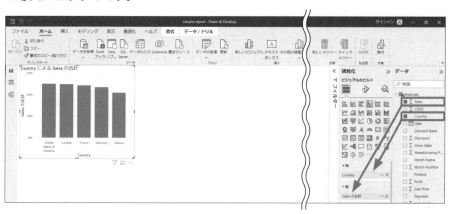

使う項目をドラッグ&ドロップするだけで、簡単にグラフなどが作成できます。

業務部門が主体となって扱える

Power BIは操作性がMicrosoft 365に近く、業務部門が主体となって効率よく可視化とデータ分析が行えます。また、棒グラフ、折れ線グラフ、円グラフ、散布図、ツリーマップ、マップグラフなど、豊富なグラフが用意されており、用途に応じて使い分けやすいことも魅力です。ビジュアルなレポートや一覧性のあるダッシュボードを作成し、ビジネス上の意思決定に役立てましょう。

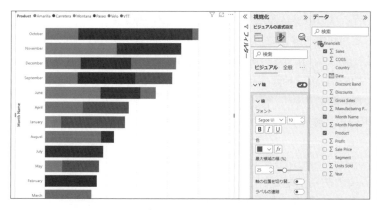

グラフやフォントなどの設定方法がMicrosoft 365に近いため、通常の文書作成と同様の感覚で、視覚化とデータ分析が行えます。

SECTION 02

Power BI を構成するツール

Power BI は、用途に応じて使い分けられるよう、3つのツールに分かれています。どれから始めたらいいか迷ってしまうようなことがないように、それぞれのツールの導入方法や特徴、使い方などを、ここで詳しく確認しておきましょう。

Power BI を構成する3つのツール

Power BI のツールには、「Power BI Desktop」「Power BI サービス」「Power BI モバイル」の3つがあります。それぞれ特徴が異なり、用途や場面に応じて、3つのツールから最適なものを選択して使用します。ここからは、Power BI Desktop、Power BI サービス、Power BI モバイルについて、導入方法や特徴、できることなどを詳しく見ていきましょう。

Power BI Desktop

Power BI Desktop は、Microsoft の公式サイトから無料でダウンロードして利用できるアプリケーションです。パソコンにインストールして利用するため、オフラインで作業することができます。Power BI Desktop では、Excel ファイルや CSV ファイルのほか、Access や Azure などのデータを接続して利用することができます。また、Web 上のデータに接続してインポートせずに直接利用できるため、異なる種類のデータを組み合わせて利用することも可能です。さらに、Power BI Desktop では複数のデータソースを利用し、それを1つのデータモデルとしてまとめることもできます。

取得したデータは、「Power Query エディター」という編集機能を使用して加工や編集ができます。例えば、表データのうち必要な列や行だけに絞り込んだり、大量のデータから必要なデータだけを抽出したりして、効率的に作業することが可能です。さらに、Power Query エディターで行った作業は自動保存され、何度でも再現できるため、作業を自動化することができ、時短にもつながります。

また、Power BI Desktop で作成したレポートは、Power BI サービスを介して共有することで、組織やグループ内で閲覧することもできます。

本書では、この Power BI Desktop の操作方法を中心に解説していきます。

Power BI Desktop の特徴	・パソコンにインストールして利用 ・取得データの加工・抽出作業を再現可能 ・Power BI サービスを介したレポートの共有が可能

● Power BI Desktopの利用イメージ

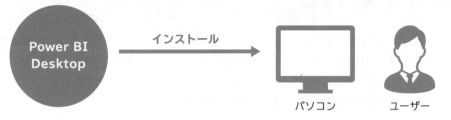

インストール

パソコン　　ユーザー

Power BI サービス

　Power BI サービスは、Microsoft Edge などの Web ブラウザーを介して利用するクラウドサービスです。アプリケーションをインストールする手間がかからず、サインインだけで手軽に利用できます。Power BI Desktop に比べると、使用できるデータソースが一部制限されますが、Power BI Desktop と同様にレポートの編集や構築を行うことができます。また、オンライン上で作業するため、組織やグループのメンバーとリアルタイムに共同で作業を行うことができます。

　さらに Power BI サービスでは、Power BI Desktop で作成したレポートを共有したり、Power BI サービス上でデータに接続して新たなレポートを作成したりすることもできます。

　そのほか、プレゼンテーション用の資料などを用途に応じてダッシュボードに見やすくまとめ、共有することも可能です。完成した資料は、PowerPoint や PDF へエクスポートすることも可能です。

Power BI サービスの特徴	・クラウドサービスにサインインして利用 ・複数のメンバーとリアルタイムで共同編集が可能 ・完成資料をPDFへエクスポート可能

● Power BIサービスの利用イメージ

サインイン

Web ブラウザー　　ユーザー

Power BIモバイル

　Power BIモバイルは、スマートフォンやタブレットなどのモバイルデバイスで利用するためのアプリケーションです。iOS、Android、Windowsのモバイルで利用できます。パソコンを使わずモバイル上で、レポートやダッシュボードをインタラクティブに表示して活用することができます。

　さらに、スマートフォン用のレイアウトも手軽に作成できます。

Power BI モバイルの特徴	・スマートフォンやタブレットにインストールして利用 ・レポートやダッシュボードを閲覧・操作可能 ・スマートフォン用レイアウトも作成可能

● Power BIモバイルの利用イメージ

　このようにPower BIを構成する3つのツールは、それぞれ特徴や、できることが異なります。使う場面や用途に応じて使い分けることで、それぞれのツールを有効に活用しましょう。その結果、スピーディな意識決定に役立てることができます。

● Power BIの3つのツールのまとめ

Power BI Desktop	Power BI サービス	Power BI モバイル
・インストールして利用 ・様々なデータソースへ接続 ・データの抽出・加工の自動化	・クラウドサービス ・チームで共同作業 ・共有やエクスポート	・モバイルでのデータアクセス ・インタラクティブに表示 ・タッチ操作でデータ探索

利用者の役割ごとにツールを使い分ける

Power BI を利用するユーザーの役割は、「分析資料の作成」「分析資料の共同編集」「分析資料の閲覧」という3つに分けることができます。

「分析資料の作成」を行う人は、データをもとにグラフや表を作成し、組織やグループに共有して配布します。「分析資料の共同編集」を行う人は、配布された資料を複数のメンバーで共同で編集します。「分析資料の閲覧」を行う人は、共有された資料を閲覧し、ビジネス上の意思決定に役立てます。

それぞれの役割によって使うツールが異なります。例えば、グラフや表を作成し、完成した資料を配布して共有する人は、Power BI Desktop を使うことになります。それぞれの役割ごとにツールを使い分けて、効率よく作業を行いましょう。

● 利用者の役割と対応ツール

分析資料の作成	分析資料の共同編集	分析資料の閲覧
・Power BI Desktop ・Power BI サービス ・Power BI モバイル	・Power BI サービス ・Power BI モバイル	・Power BI サービス ・Power BI モバイル

Power BIの推奨環境

Power BI の各ツールの推奨環境は以下のとおりです。

各ツール	推奨環境
Power BI Desktop	・OS：Windows 8.1 または Windows Server 2012 R2 以降 ・.NET Framework：4.6.2 以降 ・Web ブラウザー：Microsoft Edge ・メモリー：4GB 以上
Power BI サービス	・Microsoft Edge ・Chrome の最新バージョン ・Safari の最新バージョン ・Firefox の最新バージョン
Power BI モバイル	・Windows：Windows 10 以降 ・iOS：iOS 11.0 以降 ・Android：Android 6.0 以降

※2023年7月時点の情報です。

SECTION
03

Power BI のライセンス

Power BI には無償版だけでなく、有償版のライセンスもあります。無償版ライセンスだけでもできることは多くありますが、場合によっては有償版ライセンスが必要です。ライセンスごとの機能や特徴を確認しておきましょう。

Power BIには無償版と有償版がある

　Power BI Desktop で、Excel やデータベースなどのデータをもとに表やグラフを作成したり編集するだけであれば、無料で利用できる Power BI Desktop だけで問題ありません。また、Power BI Desktop で作成したファイル（PBIX 形式のファイル）を Web ブラウザー上で表示・編集したい場合、Power BI サービスの無償ライセンスを取得すれば、これらの操作を行うことができます。

　本書では、無料で利用できる Power BI Desktop と、Power BI サービスの無償版で提供される機能の操作方法について解説していきます。

　ただし、Power BI Desktop で作成したファイルを Power BI サービス上で他のメンバーや組織外の人と共有したり、同時に編集したりする場合には、Power BI サービスの有償ライセンスが必要です。

　また、Power BI モバイルも無料で利用できます。モバイルアプリにサインインする際には、Power BI サービスで使用しているアカウントと同じものを利用します。Power BI サービスのライセンスを取得せずに Power BI モバイルのみで利用することはできません。

◉ Power BIの種類

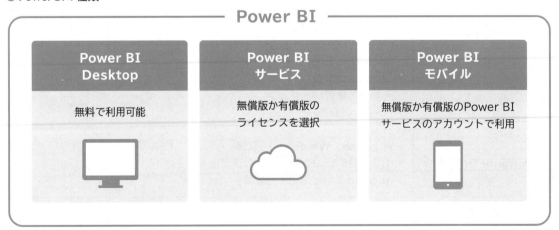

Power BI有償ライセンスの種類

有償版のライセンスには、「Power BI Pro」と「Power BI Premium」があります。

「Power BI Pro」は、ユーザー単位で契約する有料ライセンスで、月額料金を支払います。もっとも安価な有償ライセンスです。

「Power BI Premium」は、「Power BI Premium（ユーザー単位）」と「Power BI Premium（容量単位）」の2種類があります。「Power BI Premium（ユーザー単位）」はユーザーごとに契約するのに対し、Power BI Premium（容量単位）は名前のとおり容量単位で契約するライセンスであり、企業などの組織単位で契約します。

● Power BI有償ライセンスの種類と主な機能

機能	Power BI Pro	Power BI Premium	
		ユーザー単位	容量単位
コラボレーションと分析			
モバイルアプリのアクセス	○	○	○
共有およびコラボレーションのためのレポートの公開	○	○	
ユーザー単位のライセンスなしでのコンテンツの使用			○
Power BI Report Serverを使用したオンプレミスのレポート作成			○
データの準備、モデリング、ビジュアル化			
モデルのメモリーサイズ制限	1GB	100GB	400GB
Power BI Desktopによる表やグラフの作成	○	○	○
AIビジュアル	○	○	○
高度なAI（テキスト分析、イメージ検出、自動機械学習）		○	○
ガバナンスと管理			
データのセキュリティと暗号化	○	○	○
コンテンツの作成、利用、公開のための指標	○	○	○
最大ストレージ	10GB／ユーザー	100TB	100TB

※2023年7月時点の情報です。ライセンスの内容は変更される場合があります。
※Power BI Report Serverとは、オンプレミスのサーバー上にPower BIのレポートを配信・共有できるWebサービスの仕組みを構築できる製品です。
※オンプレミスとは、自社施設内にサーバーなどの機器を設置してシステムを導入・運用管理することです。

目的に応じてツールとライセンスを選択する

　Power BI を使ってどのようなことをやりたいかによって、必要なツールやライセンスが異なります。下の表を参考にしながら、必要なツールとライセンスを取得しましょう。

　他の人と共有せずに、あくまで個人的に利用したい場合は、❶や❷を参考にしてください。

　組織やグループで利用したい場合や、複数のメンバーと共同で編集したり閲覧したりしたい場合は、❸〜❺を参考にしてください。組織外との共有も同様です。

　なお、Power BI モバイルは、Power BI の有償ライセンスがあれば利用できます。

◉ **目的に応じて必要なライセンスが異なる**

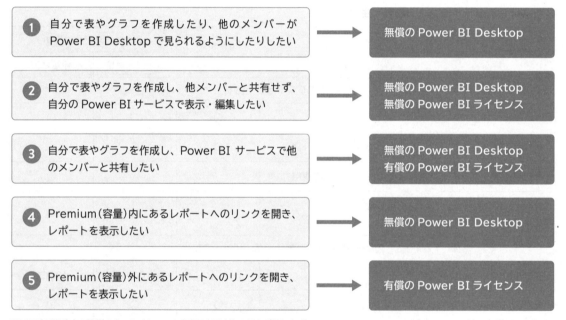

❶ 自分で表やグラフを作成したり、他のメンバーが Power BI Desktop で見られるようにしたりしたい　→　無償の Power BI Desktop

❷ 自分で表やグラフを作成し、他メンバーと共有せず、自分の Power BI サービスで表示・編集したい　→　無償の Power BI Desktop／無償の Power BI ライセンス

❸ 自分で表やグラフを作成し、Power BI サービスで他のメンバーと共有したい　→　無償の Power BI Desktop／有償の Power BI ライセンス

❹ Premium（容量）内にあるレポートへのリンクを開き、レポートを表示したい　→　無償の Power BI Desktop

❺ Premium（容量）外にあるレポートへのリンクを開き、レポートを表示したい　→　有償の Power BI ライセンス

※2023年7月時点の情報です。ライセンスの内容は変更される場合があります。

2

Power BI を
導入しよう

・・・・・・・

本書では、Power BI サービスと
Power BI Desktop を使用して、
Power BI の扱い方を解説していきます。
まずは、Power BI サービスの登録と
Power BI Desktop のインストールを行い、
利用環境を整えましょう。

SECTION 04

Power BI サービスを開始する

Power BI サービスはクラウドサービスのため、アプリケーションのダウンロードやインストールは不要ですが、サービスに登録する必要があります。まずは Power BI サービスに登録し、サービスを利用できるようにしましょう。

Power BI サービスに登録する

　表やグラフは Power BI Desktop で作成できますが、作成したレポートをダッシュボードにまとめたり、複数メンバーへの共有や共同編集を行ったりするためには、Power BI サービスを利用する必要があります。

　Power BI サービスを利用するには、無償版のライセンスか、Power BI Pro または Power BI Premium のライセンスが必要です。ここでは、無償版のライセンスで登録する手順を解説します。すでにライセンスを取得している場合は、この SECTION をスキップしてください。

① デスクトップのタスクバーで 🌙 をクリックして Microsoft Edge を起動する

② アドレスバーに「https://powerbi.microsoft.com/ja-jp/landing/free-account/」と入力して「Enter」キーを押す

③ 「無料で始める」をクリックする

Microsoft Power BI を選択されました

① 始めましょう

職場または学校のメール アドレスを入力してください。
Microsoft Power BI の新しいアカウントを作成する必要がある
かどうかを確認します。

メール

fujitarou1@rikando.com

続行することで、お客様が組織の電子メールを使用している場
合に、組織がお客様のデータとアカウントにアクセスして管理
できることを承認していることになります。

詳細情報

次へ

④ 「メール」にメールアドレス
を入力する

▶ **POINT**

使用できるメールアドレスに
ついては、下記COLUMNを参
照してください。

Microsoft Power BI を選択されました

① 始めましょう

職場または学校のメール アドレスを入力してください。
Microsoft Power BI の新しいアカウントを作成する必要がある
かどうかを確認します。

メール

fujitarou1@rikando.com

続行することで、お客様が組織の電子メールを使用している場
合に、組織がお客様のデータとアカウントにアクセスして管理
できることを承認していることになります。

詳細情報

次へ

⑤ 「次へ」をクリックする

そのため、outlook.com などの共有メール サービスからのメー
ルは使用しないでください。

fujitarou1@rikando.com のメールの種類は何ですか?

◉ 組織から入手しました

○ 私の個人メール

次へ

② アカウントの作成

⑥ 「組織から入手しました」を
クリックする

⑦ 「次へ」をクリックする

COLUMN
Power サービスに登録できるメールアドレス

Power BIサービスのライセンスを取得するには、職場または学校のメールアドレスを使用する必要が
あります。個人向けプロバイダーが提供しているメールアドレスや、「Gmail」「Yahoo!メール」
「Outlook.com」といった無料メールサービスのメールアドレスでは登録できないため注意しましょう。

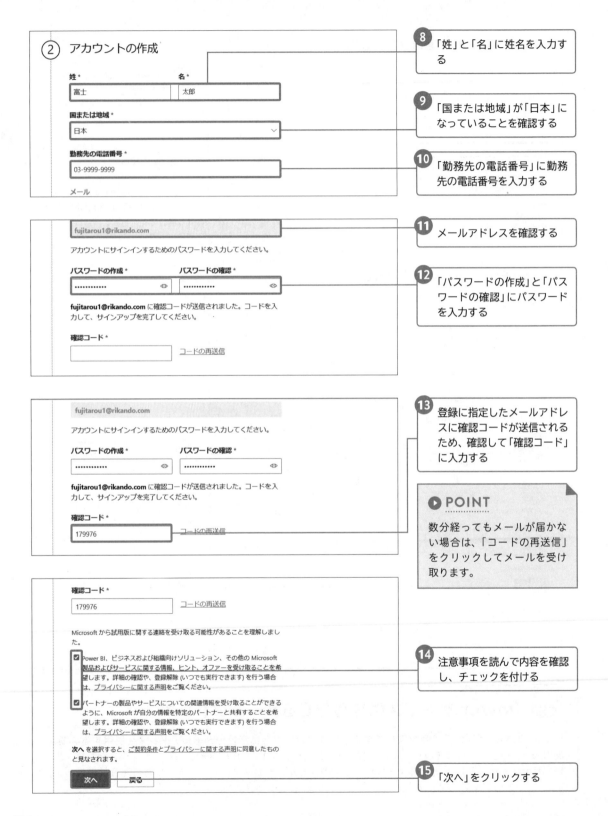

② アカウントの作成

姓 *　　　　　　　　名 *

富士　　　　　　　　太郎

国または地域 *

日本

勤務先の電話番号 *

03-9999-9999

メール

8 「姓」と「名」に姓名を入力する

9 「国または地域」が「日本」になっていることを確認する

10 「勤務先の電話番号」に勤務先の電話番号を入力する

fujitarou1@rikando.com

アカウントにサインインするためのパスワードを入力してください。

パスワードの作成 *　　　　　　　パスワードの確認 *

●●●●●●●●●●●●　👁　　●●●●●●●●●●●●　👁

fujitarou1@rikando.com に確認コードが送信されました。コードを入力して、サインアップを完了してください。

確認コード *

　　　　　　　　　　　コードの再送信

11 メールアドレスを確認する

12 「パスワードの作成」と「パスワードの確認」にパスワードを入力する

fujitarou1@rikando.com

アカウントにサインインするためのパスワードを入力してください。

パスワードの作成 *　　　　　　　パスワードの確認 *

●●●●●●●●●●●●　👁　　●●●●●●●●●●●●　👁

fujitarou1@rikando.com に確認コードが送信されました。コードを入力して、サインアップを完了してください。

確認コード *

179976　　　　　　　　コードの再送信

13 登録に指定したメールアドレスに確認コードが送信されるため、確認して「確認コード」に入力する

> ▶ **POINT**
>
> 数分経ってもメールが届かない場合は、「コードの再送信」をクリックしてメールを受け取ります。

確認コード *

179976　　　　　　　　コードの再送信

Microsoft から試用版に関する連絡を受け取る可能性があることを理解しました。

☑ Power BI、ビジネスおよび組織向けソリューション、その他の Microsoft 製品およびサービスに関する情報、ヒント、オファーを受け取ることを希望します。詳細の確認や、登録解除 (いつでも実行できます) を行う場合は、プライバシーに関する声明をご覧ください。

☑ パートナーの製品やサービスについての関連情報を受け取ることができるように、Microsoft が自分の情報を特定のパートナーと共有することを希望します。詳細の確認や、登録解除 (いつでも実行できます) を行う場合は、プライバシーに関する声明をご覧ください。

次へ を選択すると、ご契約条件とプライバシーに関する声明に同意したものと見なされます。

[　次へ　] [　戻る　]

14 注意事項を読んで内容を確認し、チェックを付ける

15 「次へ」をクリックする

③ 詳細の確認

Microsoft Power BI にサインアップしていただき、ありがとうございます

お客様のユーザー名は **fujitarou1@rikando.com** です

作業の開始

16 「作業の開始」をクリックする

Microsoft

fujitarou1@rikando.com

アクションが必要

組織には追加のセキュリティ情報が必要です。指示に従って、Microsoft Authenticator アプリをダウンロードしてセットアップします。

後で尋ねる　　次へ

17 Microsoft Authenticator の確認画面が表示された場合は「次へ」をクリックし、画面の指示に従ってMicrosoft Authenticatorを設定する

▶ **POINT**

Microsoft Authenticatorについては、下記COLUMNを参照してください。

サインインの状態を維持しますか?

これにより、サインインを求められる回数を減らすことができます。

☐ 今後このメッセージを表示しない

いいえ　　はい

18 「はい」をクリックする

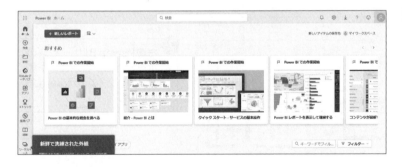

19 Power BIサービスのホーム画面が表示される

COLUMN

Microsoft Authenticatorとは

Microsoft Authenticatorとは、パスワードを使用せずに安全にサインインできる無料のセキュリティアプリで、Power BIサービス以外のサービスでも利用されます。セキュリティのために、指紋、顔認識、または暗証番号（PIN）を使用します。2要素認証により他のユーザーの侵入を困難にし、機密情報を保護します。

Power BIサービスで
サインイン／サインアウトする

Power BI サービスの登録が完了したら、登録に使用したメールアドレスで Power BI サービスにサインインして利用を開始しましょう。また、Power BI サービスからサインアウトする方法もあわせて確認しておきましょう。

Power BIサービスにサインインする

　Power BI サービスに一度サインインすると、アプリケーションを終了して Web ブラウザーを閉じても、サインインの状態が保たれます。毎回サインインして始めなければいけないというわけではありませんが、セキュリティの観点からこまめにサインアウトとサインインを行ったほうがいいでしょう。

❶ Microsoft Edgeのアドレスバーに「https://app.powerbi.com」と入力して「Enter」キーを押す

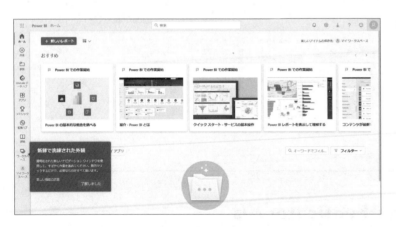

❷ 左のPower BIサービスのホーム画面が表示された場合、サインインの状態が保たれている

　この画面は Power BI サービスで最初に表示されるホーム画面です。この画面が表示された場合、サインインの状態が保たれているということになり、このまま作業を始めることができます。
　ただし、意図的にサインアウトした場合や、何らかの原因でサインインの状態が保たれなかった場合は、次のようにサインインを求められます。

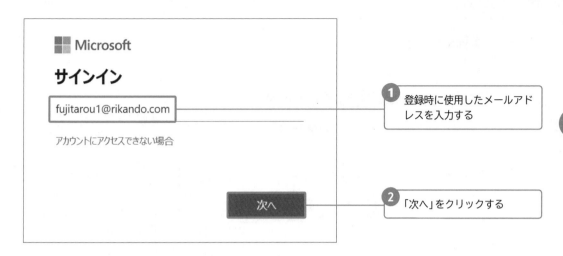

①登録時に使用したメールアドレスを入力する

②「次へ」をクリックする

　上のようなメールアドレスの入力画面ではなく、以下のようなアカウント選択画面が表示された場合は、Power BIサービスの登録時に使用したメールアドレスを選択します。登録時に使用したメールアドレスが表示されていない場合は、「別のアカウントを使用する」をクリックし、画面の指示に従ってサインインしましょう。

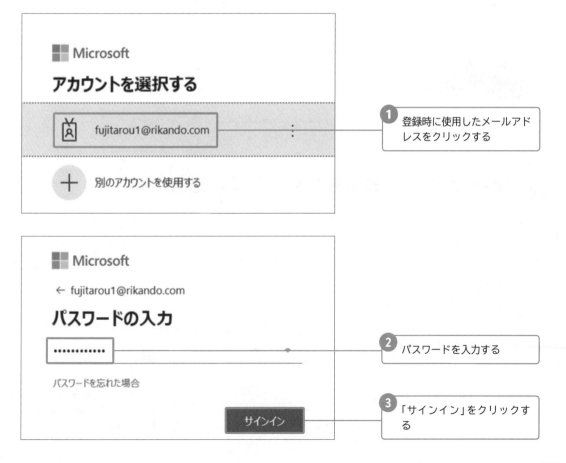

①登録時に使用したメールアドレスをクリックする

②パスワードを入力する

③「サインイン」をクリックする

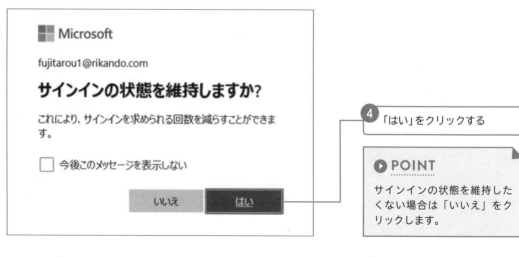

4 「はい」をクリックする

▶ POINT

サインインの状態を維持した
くない場合は「いいえ」をク
リックします。

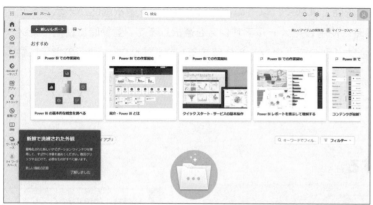

5 Power BIサービスのホーム
画面が表示される

Power BIサービスをお気に入りに追加する

　毎回、URL を入力して Power BI サービスを開いていては、時間と手間がかかります。Web ブ
ラウザーのお気に入りに追加しておけば、次回以降は、お気に入りから Power BI サービスを開く
ことができるため、作業がスムーズに始められます。ここでは、Microsoft Edge のお気に入りに
追加する方法を解説します。

1 Power BIサービスのホーム
画面を表示した状態で、
Microsoft Edgeのアドレ
スバー右にある「☆」をクリッ
クする

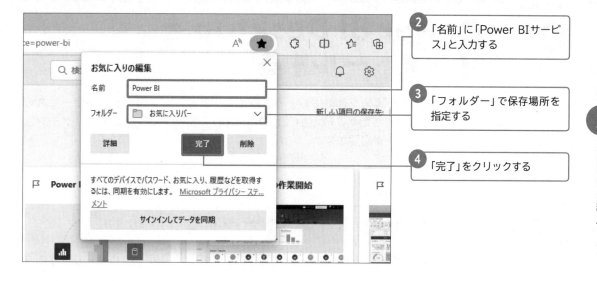

2 「名前」に「Power BIサービス」と入力する

3 「フォルダー」で保存場所を指定する

4 「完了」をクリックする

Power BIサービスからサインアウトする

Power BIサービスを終了する前に下記の手順でサインアウトすると、サインインの状態は保持されず、セキュリティの強化につながります。

なお、サインアウトせずに、そのまま Web ブラウザーを閉じることもできます。

1 Power BIサービスの画面右上の⊚をクリックする

2 「サインアウト」をクリックする

3 サインアウトが完了する

Microsoft

アカウントからサインアウトしました

すべてのブラウザー ウィンドウを閉じることをお勧めします。

SECTION 06 Power BI Desktop をインストールする

続いて、Power BI Desktop の導入を進めましょう。Power BI サービスはクラウドサービスのため、アプリケーションは不要でしたが、Power BI Desktop を利用するには、アプリケーションのダウンロードとインストールが必要です。

Power BI Desktop をインストールする

Power BI Desktop のアプリケーションは、Microsoft Store からダウンロードしてインストールします。

❶ タスクバーで▣をクリックして Microsoft Store を起動する

❷ 検索欄をクリックする

❸ 「Power BI Desktop」と入力して「Enter」キーを押す

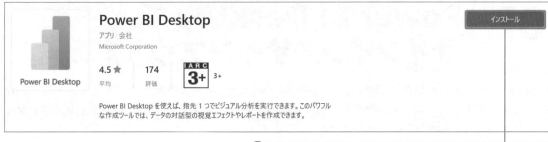

 「Power BI Desktop」の「インストール」をクリックする

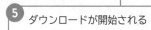 ダウンロードが開始される

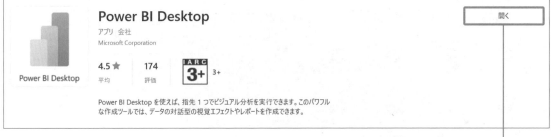

 「開く」をクリックする

 Power BI Desktopのホーム画面が表示される

> ▶ POINT
>
> 次回以降はP.34を参考に起動します。

SECTION 07 Power BI Desktopで サインイン／サインアウトする

Power BI サービスの場合と同様に、Power BI Desktop も利用を開始するとサインインした状態になり、サインアウトしないかぎりそのままの状態が保たれます。ここでは、サインインとサインアウトの方法を確認していきましょう。

Power BI Desktopにサインインする

Power BI Desktop に一度サインインすると、アプリケーションを終了しても、サインインの状態が保たれます。毎回サインインして始めなければいけないというわけではありませんが、やはりセキュリティの観点からこまめにサインアウトとサインインを行ったほうがいいでしょう。

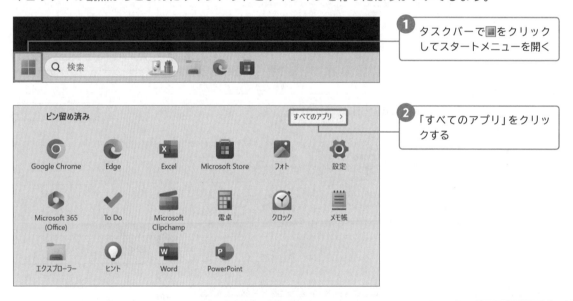

1 タスクバーで■をクリックしてスタートメニューを開く

2 「すべてのアプリ」をクリックする

パソコンにインストールされているすべてのアプリケーションがアルファベット順に表示されます。画面を下方向にスクロールして「P」のグループを表示し、「Power BI Desktop」をクリックします。

1 「Power BI Desktop」をクリックする

2 Power BI Desktopが起動する

3 画面右上に「サインイン」と表示されていることを確認する

4 初期画面の「×」をクリックして閉じておく

上のように、画面右上に「サインイン」と表示されている場合、サインインしていない状態です。以下の手順でサインインしましょう。なお、画面右上にアカウント名が表示されている場合は、サインインの状態が保たれているため、サインインする必要はありません。

1 「サインイン」をクリックする

2 Power BI Desktopの登録時に使用したメールアドレスを入力する

3 「続行」をクリックする

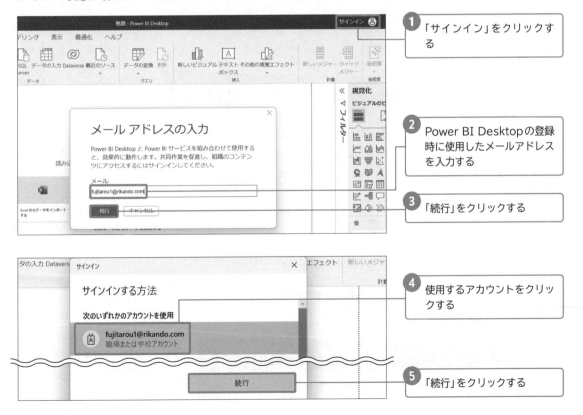

4 使用するアカウントをクリックする

5 「続行」をクリックする

6 サインインが完了し、Power BI Desktopのホーム画面が表示される

Power BI Desktop からサインアウトする

Power BI Desktop からのサインアウトは、以下の手順で行います。

1 アカウント名をクリックする

2 「サインアウト」をクリックする

Power BI Desktop をタスクバーにピン留めする

　毎回、スタートメニューから探して Power BI Desktop を開いていては、時間と手間がかかります。以下の手順でタスクバーにピン留めしておけば、次回以降は Power BI Desktop を簡単に開くことができるため、作業がスムーズに始められます。

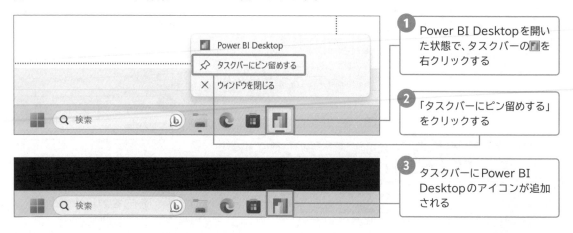

1 Power BI Desktopを開いた状態で、タスクバーの[ ]を右クリックする

2 「タスクバーにピン留めする」をクリックする

3 タスクバーにPower BI Desktopのアイコンが追加される

基本操作を
覚えよう

Power BI の概要がわかったら、
実際に触ってみましょう。
この CHAPTER では、Power BI で行う
作業の流れや各ツールの画面構成から、
基本的な操作方法までを解説します。
実際に操作しながら本書を読み進めましょう。

Power BIで使用するコンテンツ

Power BI 使ったデータ分析の手順と Power BI の機能について解説します。それぞれの機能を理解すれば、スムーズに作業を進めることができます。また、Power BI Desktop と Power BI サービスの作業範囲の違いについても解説します。

Power BIによるデータ分析の手順

　Power BI を使い始める前に、データ分析の手順を理解しておくと、作業をスムーズに行うことができます。基本的なデータ分析の手順を見ていきましょう。

　一般的には、Power BI Desktop から作業を始めます。まずは、Power BI Desktop で各ファイルに接続し、データを取り込みます。より幅広くデータを取り込めるようにするため、Power BI Desktop は Excel ファイル以外にも様々な種類のファイルを扱えるようになっています。また、複数のファイルを接続してデータを統合することもできます。

　データを取り込んだら、必要に応じて、データの一部を編集したり、不要なデータを削除したりして、データの内容を整理します。このようにデータの整備や加工を行って、データセットと呼ばれる基本データを作成します。データセットが用意できたら、分析しやすいように、グラフや表などで可視化したレポートをいくつか作成します。

　レポートが完成したら、ダッシュボードとして一覧表示したり、組織内やグループ内で共有したりするために、Power BI サービスにアップロードします。Power BI サービスを使えば、こうしたダッシュボードの利用や組織内共有のほか、タブレットやスマートフォンなどといったモバイル端末での共有もできます。

　なお、ここで紹介した手順はあくまで一般的な例です。それぞれの用途や役割によって手順が異なる場合もあります。

● Power BIによるデータ分析の手順

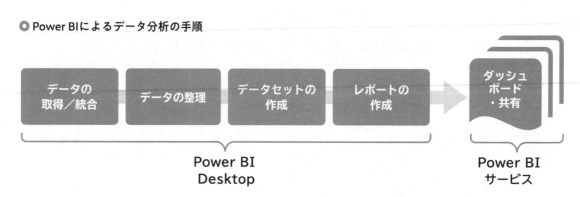

Power BIの3つの機能

これまでに解説してきたとおり、Power BIは、ExcelやCSVファイル、データベースなどのデータに接続し、グラフや表で数値を可視化したり、わかりやすくプレゼン資料をまとめたりすることができます。これらを実現するうえで中心となる3つの機能をまとめると、以下のようになります。

①データセット
②レポート
③ダッシュボード

①のデータセットとは、グラフや表の基になるデータのことを指します。

②のレポートは、データセットから作成した表やグラフをページ内にまとめたものです。ページごとに情報を分けるなどして見やすくまとめることができます。

③のダッシュボードは、作成したレポートから重要なグラフや表などを選んで一覧できるように配置したものです。複数のレポートから自由に要素を配置してダッシュボードを作成することができるため、必要な情報をすばやく把握できます。

これら3つの機能について、それぞれより詳細に確認していきましょう。

グラフや表の基となるデータセット

Power BIでは、必要なデータソースに接続してデータを読み込みます。例えば、Excelファイルや CSVファイル、データベースなどに接続し、データ取得します。Web上のデータや頻繁に更新されるデータの最新情報をリアルに反映させることもできます。これらの種類の異なる複数のファイルから読み込まれたデータを加工したり抽出したりして整えたものが、データセットと呼ばれます。なお、1つのデータソースから読み込んだ1つのデータであっても、Power BIではデータセットとして扱います。

データセットは、Power BIで作成するレポートやダッシュボードなど、すべてのコンテンツの基になります。Power BIで作業を始めるための重要な第一歩となるため、データセットの概念をしっかり理解しておきましょう。

● データセット

取得・整理

様々なデータソース　　　　　データセット

表やグラフで視覚化するレポート

　Power BI のレポートとは、データセットを基にして作成される、表やグラフなどを配置したコンテンツのことです。レポートは、データを見やすく可視化することを目的として作成されます。

　項目ごとの集計結果や売上金額の構成比などをわかりやすく可視化することで、データの傾向やパターンをすばやく把握することができます。

　レポートでは、複数のページを使って情報ごとにまとめることができます。さらに、フィルターで情報を絞り込んだり、ドリルダウン機能を使ってデータの階層を掘り下げたりして、詳細な分析を行うことが可能です。

　作成したレポートは、Power BI サービスを使うことで、組織内やグループ内で共有することができます。オンライン上で公開することも可能です。

データの種類に応じて適切な視覚化ができるよう、豊富なグラフが用意されています。

目的ごとに表やグラフをまとめるダッシュボード

　Power BI のダッシュボードは、複数のデータや指標を 1 つのページにまとめて表示するためのもので、Power BI Desktop にはない Power BI サービス独自の機能です。

　例えば、売上のトレンド商品をプレゼンしたい場合、商品ごとの売上を示す棒グラフや前年との比較をまとめた集計表などを配置するなどして、わかりやすく表示することができます。

　さらに、テキストボックスを使って売上増加の背景や自身の所感を追加して、説得力をより高めることもできます。また、ダッシュボードでは、グラフや表をクリックすることで詳細な情報を表示し、細かな分析に活用することもできます。

　このようにダッシュボードで重要な情報を 1 つのページにまとめて視覚的に表示すれば、ビジネス上の意思決定に役立てることができます。

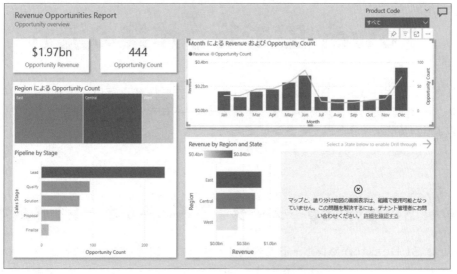

ダッシュボードには種類の異なるグラフや表を1つのページに複数配置できます。

Power BI Desktop と Power BI サービスの作業範囲

　これまでにも確認したように、Power BI Desktop は、Excel ファイルや CSV ファイルのほか、Access、SQL Server といったデータベース、Azure、Google Analytics といった Web データなど、様々な種類のデータソースに接続してデータを取得することができます。読み込んだデータはそのまま使用することもできますが、加工したり必要のない部分を削除したりして整理することもできます。

　一方、Power BI サービスでは、いくつかのデータソースに接続してデータを取得することもできますが、使用できるデータソースは限られています。Power BI Desktop のように多くの種類のデータソースを指定することはできません。また、データの編集や加工機能もないため、基本的には Power BI Desktop でデータの取得を行います。

　レポートの作成機能に関しては、Power BI Desktop と Power BI サービスの間に大きな機能の違いはありません。ただし、レポートをまとめるダッシュボード機能は Power BI サービスのみで利用できます。

　さらに、Power BI Desktop と Power BI サービスのどちらにも共有の機能はありますが、他のメンバーと共有する場合は、Power BI Pro のライセンスが必要です。

　これらの違いから、まず Power BI Desktop で必要なデータを取得し、用途に応じてデータの加工・抽出・統合・分割など行い、データセットを作成します。さらに、グラフや表など分析資料となるレポートを作成したのち、そのレポートを Power BI サービスに発行します。そして、Power BI サービスで、ダッシュボードにグラフや表など複数のレポートをまとめ、さらに画像やテキストなどを追加し、説得力のある分析資料として仕上げていきます。

SECTION

09 Power BIで行う作業の流れ

Power BI では、まず Power BI Desktop でレポート作成作業を行い、完成したレポートを
Power BI サービスに発行し、共有したり、ダッシュボードにまとめたりします。ここではそれぞ
れの作業のより具体的な流れを見ていきましょう。

Power BI Desktopでデータを読み込みレポートを作成する

　まず Power BI Desktop でレポートを作成する流れから確認していきましょう。Power BI
Desktop をパソコンにインストールしたら、Excel ファイルやデータベースなど、必要なデータソー
スに接続してデータを読み込みます。

　データを読み込んだら、データの編集ツールである Power Query エディターにより、必要なデー
タだけ抽出したり、作業しやすいようにデータを加工したりして利用します。データはデータソース
に接続して利用しているため、Power BI Desktop 上で加工・編集しても、元のデータに影響する
ことはありません。このとき、データソースに接続しているデータはデータセットとして管理されま
す。

　データの整備が完了したら、そのデータセットを使用して、Power BI Desktop でレポートを作
成します。レポートにはドラッグ＆ドロップ操作によって、複数のグラフや表を簡単に配置すること
ができます。また、フィルターや特定の項目を簡単に選択できるスライサーを追加して、より分析し
やすいようにまとめることもできます。

レポートをPower BIサービスでまとめて共有する

　Power BI Desktop で作成したレポートは、Power BI Desktop から Power BI サービス
に発行することができます。これにより、複数のレポートから重要なグラフや表を選択して、目的ご
とにダッシュボードにまとめることができます。

　本書では、データの読み込みからレポートの作成までを Power BI Desktop で行い、そのレポー
トを Power BI サービスに発行して、ダッシュボードにまとめるところまでの操作方法を解説します。

　また、レポートを Power BI サービスに発行すると、Power BI アカウントを持つ他のメンバー
と共有できるようになります。このように共有されたレポートは、他のメンバーと共同で編集するこ
とも可能です。

　さらに、Power BI サービスで編集したレポートやダッシュボードは、Power BI サービスでス

マートフォン用のレイアウトを別に作成することもできます。モバイル用レイアウトは、横長のレイアウトが基本です。モバイル端末でも見やすいこのようなレイアウトにしておくことで、パソコンが使えない環境でも運用しやすくすることができます。

◉ Power BIによる作業のイメージ

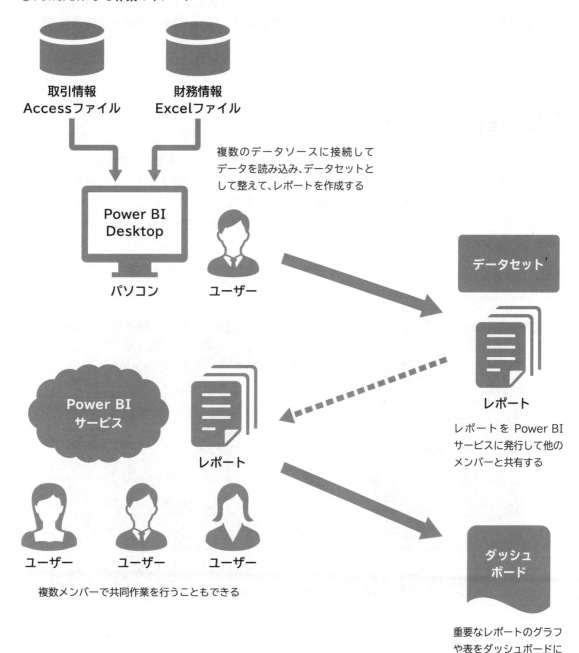

取引情報
Accessファイル

財務情報
Excelファイル

複数のデータソースに接続して
データを読み込み、データセットと
して整えて、レポートを作成する

Power BI
Desktop

パソコン　　　ユーザー

データセット

レポート

レポートを Power BI
サービスに発行して他の
メンバーと共有する

Power BI
サービス

レポート

ユーザー　　ユーザー　　ユーザー

複数メンバーで共同作業を行うこともできる

ダッシュ
ボード

重要なレポートのグラフ
や表をダッシュボードに
見やすくまとめる

Power BI Desktopの画面構成

ここからは、Power BI Desktop の操作方法を確認していきます。まずは Power BI Desktop の画面構成から押さえましょう。起動直後に表示される画面のほか、作業で使用する画面が複数あるため、よく区別しながら見ていきましょう。

初期画面の基本操作

Power BI Desktop を起動すると、下のような初期画面が表示されます。ここから既存のファイルを開いたり、新たにデータを取得したりして作業を始めることができます。また、Power BI Desktop を学ぶための学習ビデオを閲覧することもできます。

なお、「スタートアップ時にこの画面を表示する」のチェックを外すと、次回以降この画面は表示されなくなります。

「データを取得」から使用するデータソースに接続して作業を始められる

「×」をクリックして初期画面を閉じる

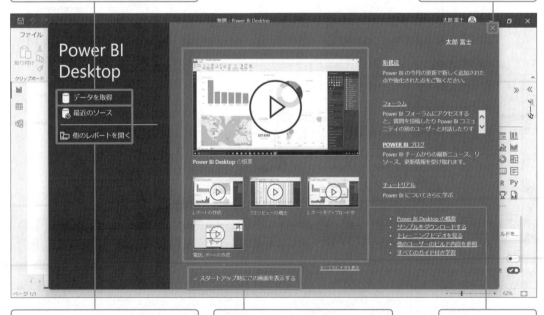

「最近のソース」「他のレポートを開く」から既存のファイルをすばやく開くことができる

「スタートアップ時にこの画面を表示する」のチェックを外すと、この画面は次回以降表示されなくなる

学習用のビデオを閲覧できる

レポートを作成するレポートビュー

下の画面は、サンプルファイルをダウンロードして、Power BI Desktop で開いたときの「レポートビュー」の画面です。ファイルを開くとこのレポートビューが最初に表示され、ここでレポートの作成を行います。この他に、主に「データビュー」「モデルビュー」があります。

❶ レポートビュー	グラフや表を配置するレポートビューが表示されます。現在はこのレポートビューが選択された状態です。	
❷ データビュー	レポートの基となるデータソースの詳細が表示されます。	
❸ モデルビュー	複数のデータソースのつながりや関係性などを表すリレーションが表示されます。	
❹ キャンバス	グラフや表の配置などをこの領域で行います。	
❺ フィルターペイン	データをフィルターで絞り込むことができます。	
❻ 視覚化ペイン	グラフや表の選択や、書式の設定ができます。	
❼ データペイン	データソースの項目名を表すフィールドが一覧表示されます。	
❽ ページタブ	ページタブをクリックしてページを切り替えます。	
❾ リボン	レポートに関するリボンが表示されます。	
❿ アカウント名	サインインしているアカウント名が表示されます。クリックしてアカウント情報を表示したりサインアウトしたりすることができます。	

データソースの詳細を表示するデータビュー

　これまでにも確認してきたように、Power BI Desktop では、表やグラフの基となるデータのことをデータセットと呼びます。Excel ファイルや CSV ファイル、データベースなど種類の異なる複数のデータソースに接続して利用することができます。次の「データビュー」では、接続したデータソースの詳細を確認することができます。

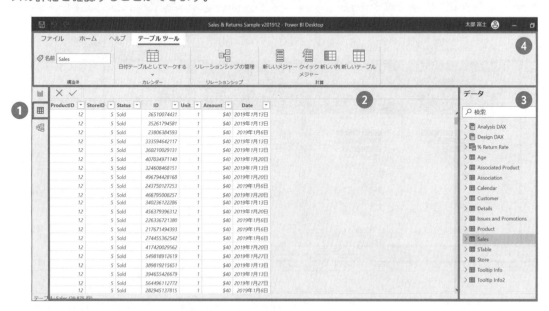

❶ データビュー	レポートの基となるデータソースの詳細が表示されます。現在はこのデータビューが選択された状態です。	
❷ データグリッド	データペインで選択したテーブルの内容（列と行）が表示されます。	
❸ データペイン	データグリッドに表示するテーブル、またはフィールド（名称などの項目）が一覧で表示されます。	
❹ リボン	データソースに関するリボンが表示されます。	

データセットの関係性が視覚化されるモデルビュー

　データビューに表示されるテーブルが複数ある場合、次の「モデルビュー」で、そのつながりや関係性が表示されます。関係性のあるテーブル同士、フィールド（項目）間が線でつながっているため、そのつながりを視覚的に確認することができます。さらに、その関係性を表すリレーションを編集することも可能です。

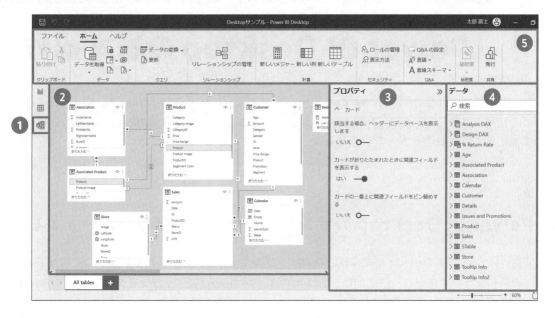

①	モデルビュー	複数のデータソースのつながりや関係性などを表すリレーションが表示されます。現在はこのモデルビューが選択された状態です。
②	リレーションの線	線上にマウスポインターを合わせると、関係性のあるフィールド（項目）が示されます。
③	プロパティペイン	リレーションに関する詳細を設定できます。
④	データペイン	データグリッドに表示するテーブル、またはフィールド（名称などの項目）が一覧で表示されます。
⑤	リボン	リレーションに関するタブが表示されます。

データの加工・抽出を行う Power Query エディター

データの加工や抽出などの作業は、「ホーム」タブから「データの変換」をクリックすると表示される Power Query エディターで行います。詳細については P.72 で解説します。

① 「ホーム」タブの「データの変換」をクリックする

② Power Query エディターが表示され、データの加工や抽出作業が行えるようになる

SECTION 11

Power BI Desktop の基本操作

Power BI Desktop には、いくつかのサンプルファイルが用意されています。まずはこれらのサンプルを使用して、Power BI Desktop でどのようなコンテンツを作成できるか確認し、あわせて基本操作と主要な機能を学んでいきましょう。

Power BI Desktop のサンプルファイルをダウンロードする

まずは、Power BI Desktop で作成されたサンプルファイル（PBIX 形式）をダウンロードして開いてみましょう。タスクバーに追加した Power BI Desktop のアイコンをクリックして Power BI Desktop を起動し、初期画面からサンプルファイルをダウンロードします。

1 タスクバーで <kbd>■</kbd> をクリックして Power BI Desktop を起動する

2 初期画面が表示されたら、右下の「サンプルをダウンロードする」をクリックする

Microsoft の Power BI ラーニングサイトが Web ブラウザーで開きます。このサイトから複数のサンプルファイルをダウンロードできます。サンプルファイルを開いて、操作方法や各機能の使い方を習得することをおすすめします。本書ではサンプルファイル「売上と返品のサンプル .pbix ファイル」を例に解説します。

1 「売上と返品のサンプル.pbix ファイル」をクリックする

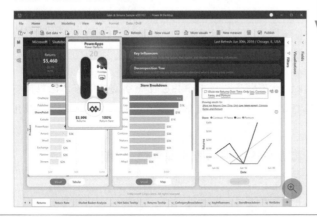

2 選択したサンプルファイルのレポートが表示されたら、下方向へ 1 画面程度を目安にスクロールする

▶ POINT

表示されたページでは、サンプルファイルの概要が解説されています。

3 「Power BI Desktop サンプルの GitHub リポジトリ」をクリックする

- .pbix ファイルをダウンロードし、詳細に調べます。 Miguel がそれをどのように作成したか、その背景を見ます。 このリンクをクリックすると、Power BI Desktop サンプルの GitHub リポジトリ が開きます。 [**ダウンロード**] を選択して、売り上げと返品のサンプル .pbix ファイルをコンピューターにダウンロードします。
- レポートについては、Power BI のブログ記事「新しい売上と返品のサンプルレポートのツアーを開始する」 を参照してください。

▶ POINT

ダウンロードのリンク先は本文中にあります。見逃さないよう気を付けましょう。

④ ダウンロードページが表示されたら、⬇をクリックしてサンプルファイルをダウンロードする

▶ POINT

「Sales & Returns Sample v201912.pbix」がダウンロードされます。

Power BI Desktopでサンプルファイルを表示する

Power BI ラーニングサイトからダウンロードしたサンプルファイル「Sales & Returns Sample v201912.pbix」をダブルクリックして Power BI Desktop で開き、実際に操作してみましょう。

① エクスプローラーでサンプルファイルをダブルクリックする

サンプルファイルが Power BI Desktop で開き、レポートビューが最初に表示されます。下の画面はサンプルファイルの最初のページです。このページにはサンプルデータによるサンプルレポートであることが記載されています。

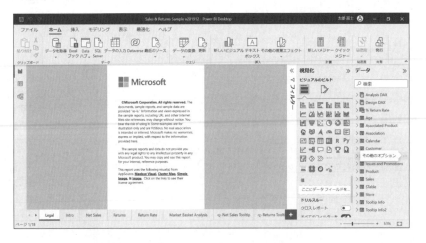

キャンバスの下部にページタブがあり、ページタブをクリックしてページを切り替えることができます。ページタブの中から「Net Sales」をクリックすると、「Net Sales」のページが表示されます。

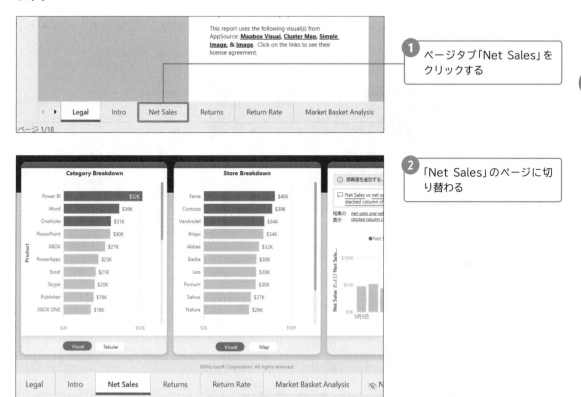

① ページタブ「Net Sales」をクリックする

② 「Net Sales」のページに切り替わる

ページ内には、グラフのほか、合計金額や説明文などが自由なレイアウトで配置されています。Power BI Desktop では、このようなレポートを作成できます。

合計金額

説明文

グラフ

グラフで使用している項目名を表示する

　任意のグラフをクリックして選択すると、グラフの項目名を表示したり、グラフの内容を編集したりすることができます。さらに、データペインでは配置されているデータソースの項目名に緑のチェックが付き、どのデータ項目が使われているかがわかります。

1　「Net Sales」のページ内のグラフをクリックする

2　グラフのX軸とY軸に配置されている項目名が表示される

3　グラフに配置されているデータソースの項目名にチェックが付く

レポートのデータソースを表示する

　これまでにも確認してきましたが、表やグラフの基となるデータはデータセットと呼ばれます。データセットには、ExcelファイルやAccessなどのデータベース、またはWeb上のデータなど、様々なデータソースを利用することができます。データソースの内容はデータビューで確認することができます。

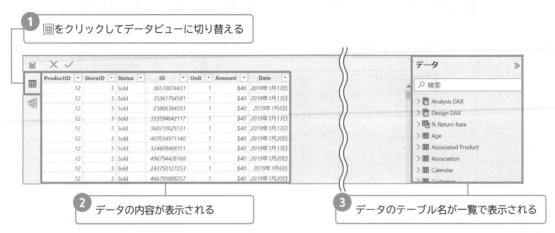

1　⊞をクリックしてデータビューに切り替える

2　データの内容が表示される

3　データのテーブル名が一覧で表示される

各テーブルの関係性を確認する

複数のテーブルを利用している場合、「リレーションシップ」を表示・編集することができます。リレーションシップとは各テーブル間のつながりや関係性を表しています。例えば、「A テーブル」と「B テーブル」があり、それらのリレーションシップが商品コードによって作られると、「A テーブル」の項目名と「B テーブル」の金額を使ってグラフや表を作ることができるようになります。

1 🗐 をクリックしてモデルビューに切り替える　　**2** 各テーブルの関係性が表示される

データセットとレポート

Power BI Desktop では、様々なデータソースに接続して利用し、Power BI Desktop 内で必要なデータのみ抽出したり、使いやすく加工したりします。しかし、Power BI Desktop でどのようにデータを編集しても、接続元のデータに影響を及ぼすことはありません。そのため、データの破損などを気にせず、安心して利用できます。

また、接続元のデータの内容が変わった場合は、Power BI Desktop で更新すれば、最新データが反映されます。いちいちデータを再接続し直す必要はありません。

このようなデータソースを基に、Power BI Desktop でグラフや表、タイトルなどを自由に配置し、レポートを作成していきます。なお、今回のサンプルファイルには複数のページがありました。このようにレポートは、目的や用途に応じてページを分割することもできるため、必要に応じてページを使い分けましょう。

なお、Power BI Desktop では、1 つのデータセットから 1 つのレポートしか作れませんが、Power BI サービスでは、1 つのデータセットから複数のレポートを作成することができます。目的や用途に応じてレポートを分けて作ることができます。

SECTION 12 Power BI Desktopのファイルを保存する／読み込む

SECTION 11でダウンロードして開いたサンプルファイルを、パソコンのデスクトップに保存してみましょう。その後、Power BI Desktopをいったん終了し、あらためて起動して、保存したサンプルファイルを読み込んでみましょう。

Power BI Desktopのファイルを保存する

　SECTION 11でダウンロードして開いたサンプルファイルを、パソコンのデスクトップに保存します。ファイルを保存するには、「ファイル」タブをクリックし、「名前を付けて保存」をクリックします。保存先としてデスクトップを選択し、「Desktopサンプル」というファイル名で保存しましょう。

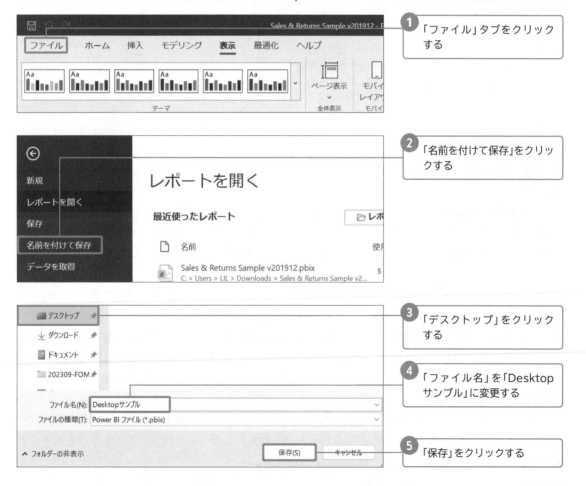

1 「ファイル」タブをクリックする

2 「名前を付けて保存」をクリックする

3 「デスクトップ」をクリックする

4 「ファイル名」を「Desktopサンプル」に変更する

5 「保存」をクリックする

ファイルが保存されたら、Power BI Desktop を終了します。

1 保存したファイル名が表示され
ていることを確認する

2 「×」をクリックしてPower
BI Desktopを終了する

Power BI Desktop のファイルを読み込む

あらためて Power BI Desktop を起動し、保存したファイルを開いてみましょう。

1 初期画面で「他のレポートを
開く」をクリックする

▶ POINT

初期画面を閉じている場合は、
「ファイル」タブ→「レポート
を開く」→「レポートを参照」
をクリックします。

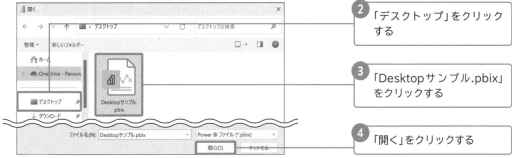

2 「デスクトップ」をクリック
する

3 「Desktopサンプル.pbix」
をクリックする

4 「開く」をクリックする

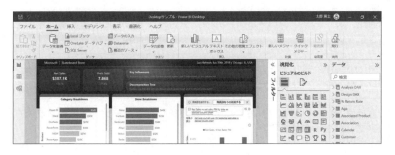

5 レポートが読み込まれる

SECTION 13 Power BI サービスの画面構成

Power BI サービスは Web ブラウザーからサインインして使い始めます。まずは Power BI サービスの画面構成から押さえましょう。サインイン後に表示されるホーム画面のほか、よく使う画面の構成や機能も見ていきましょう。

サインイン直後に表示されるホーム画面

Power BI サービスにサインインすると、下のようなホーム画面が表示されます。まずホーム画面の構成を見ていきましょう。

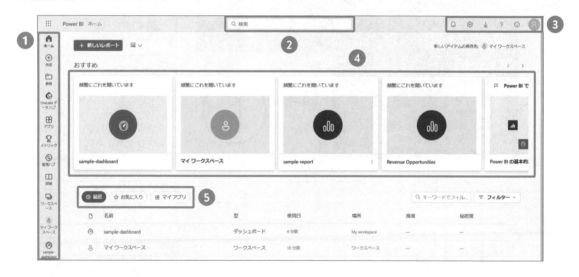

❶ ナビゲーションウィンドウ		「ホーム」「作成」「参照」「マイワークスペース」など、機能ごとにアイコンが表示されており、クリックして画面を切り替えます。
❷ 検索ボックス		コンテンツをキーワードで検索します。
❸ アイコンボタン		通知、設定、ダウンロード、ヘルプ、アカウントなどに関する操作ができます。
❹ おすすめのコンテンツ		Microsoft公式サイトの解説ページが表示されます。頻繁に開いているレポートやダッシュボードも表示され、すばやくアクセスできます。
❺ 「最近」「お気に入り」「マイアプリ」タブ		最近使ったコンテンツ、お気に入りに登録したコンテンツ、登録されたアプリが表示されます。

「最近」タブでは、最近使ったコンテンツを一覧表示できます。

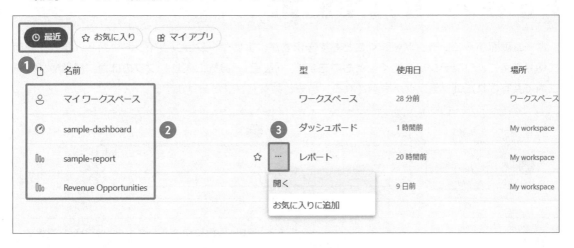

1 「最近」タブ	クリックすると、最近使ったレポートやダッシュボードなどのコンテンツが一覧表示されます。
2 コンテンツ一覧	コンテンツをクリックして開きます。
3 その他のオプション	コンテンツにマウスポインターを合わせて⋯をクリックするとメニューが表示され、コンテンツを開くには「開く」を、お気に入りに追加するには「お気に入りに追加」をクリックします。

「お気に入り」タブでは、お気に入りに登録したコンテンツを一覧表示できます。

1 「お気に入り」タブ	クリックすると、お気に入りに登録したレポートやダッシュボードなどのコンテンツが一覧表示されます。
2 コンテンツ一覧	コンテンツをクリックして開きます。
3 その他のオプション	コンテンツにマウスポインターを合わせて⋯をクリックするとメニューが表示され、コンテンツを開くには「開く」を、お気に入りから削除するには「お気に入りから削除」をクリックします。

コンテンツを開ける「参照」画面

　ホーム画面からコンテンツを開くこともできますが、ナビゲーションウィンドウから「参照」画面に切り替えて、コンテンツを開くこともできます。「最近」「お気に入り」タブのほか、組織やグループ内で共有されたコンテンツが表示される「自分と共有」タブがあります。

① 参照	クリックすると「参照」画面に切り替わり、コンテンツを選択できます。	
② 「最近」「お気に入り」「自分と共有」	最近使ったコンテンツ、お気に入りに追加されたコンテンツ、組織やグループ内で共有されたコンテンツが表示されます。	
③ コンテンツ一覧	コンテンツをクリックして開きます。	

ヘルプやサンプルを利用できる「詳細」画面

　ナビゲーションウィンドウから「詳細」画面に切り替えると、ラーニングセンターやサンプルレポートを表示することができます。

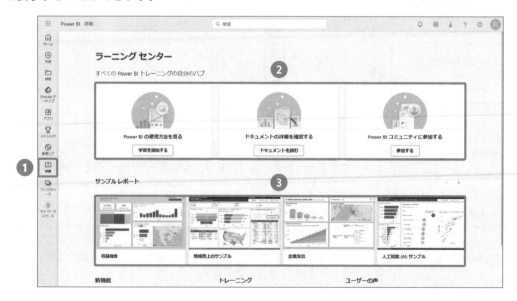

❶ 詳細	クリックすると「詳細」画面に切り替わり、ラーニングセンター、サンプルレポートが表示されます。
❷ ラーニングセンター	使い方のヒントを学んだりヘルプドキュメントを参照したりすることができます。
❸ サンプルレポート	あらかじめ用意されているサンプルレポートを表示することができます。

　Power BI サービスにも、数種類のサンプルレポートがあらかじめ用意されています。初めて Power BI サービスを使う場合も、Power BI Desktop と同様、サンプルレポートを表示して操作方法や各機能の使い方を習得することをおすすめします。

使用コンテンツを表示するマイワークスペース

　Power BI サービスで表示・編集したコンテンツは、「マイワークスペース」に一覧表示されます。マイワークスペースに表示されたコンテンツ一覧から、いつでもコンテンツを表示・編集することができます。

❶ マイワークスペース	クリックするとマイワークスペースに切り替わり、表示・編集したコンテンツが一覧表示されます。
❷ コンテンツ一覧	コンテンツをクリックして開きます。

COLUMN
コンテンツの種類

レポートやダッシュボード、データセットなどのコンテンツの種類は、各画面の「型」列に表示されます。

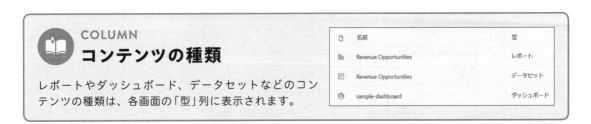

SECTION

14

Power BIサービスの基本操作

Power BI サービスにも、いくつかのサンプルレポートが用意されています。これらのサンプルレポートを使用して、Power BI サービスでどのようなコンテンツを作成できるか確認し、基本操作と主要な機能もあわせて学んでいきましょう。

サンプルレポートを開く

表やグラフを複数配置したサンプルレポートを開いてみましょう。Power BI サービスのサンプルは、ナビゲーションウィンドウの「詳細」をクリックして表示します。

1 ナビゲーションウィンドウの「詳細」をクリックする

2 「サンプルレポート」の「収益機会」をクリックする

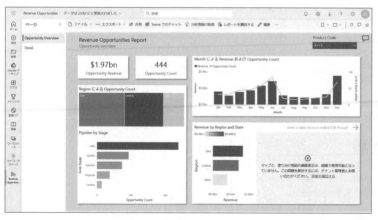

3 「収益機会（Revenue Opportunities Report）」というサンプルが表示される。

▶ POINT

右下のマップは、組織の管理状況によっては表示されません。

表示された「収益機会（Revenue Opportunities Report）」というサンプルレポートの詳細を確認しましょう。このレポートには２つのページが作成されています。「ページ」に表示されているレポートのページ名をクリックし、ページを切り替えることができます。

① 「Detail」をクリックする

② 「Detail」のページに切り替わる

データセットを表示する

表やグラフの基になるデータセットを表示してみましょう。そのためには、画面上部の…をクリックし、「データセットの表示」をクリックします。

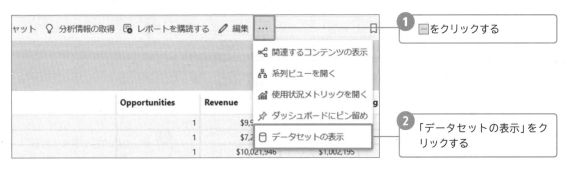

① …をクリックする

② 「データセットの表示」をクリックする

データセットの詳細画面の構成を、ここで確認しておきましょう。

❶ ワークスペース	データセットの格納先が表示されます。このレポートの場合は「マイワークスペース」と表示されています。
❷ レポートの作成	このデータセットを使って新たにレポートを作成します。
❸ データセットの共有	このデータセットを共有します。
❹ テーブル	このデータセットで接続されているテーブルが一覧表示されます。
❺ レポート	このデータセットを使用しているレポートが一覧表示されます。

データの内容を表示したいテーブルにチェックを付けると、データの内容（列と行）が表示されます。

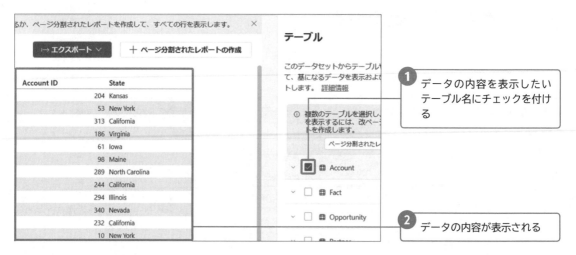

③ 「戻る」をクリックすると前の画面（データセットの詳細画面）に戻る

レポートの編集画面を開く

レポートは、Power BI サービスで編集することができます。レポートを編集するには、画面上部の「編集」をクリックします。

① 「編集」をクリックする

② レポートの編集画面が表示される

③ 任意のグラフをクリックする

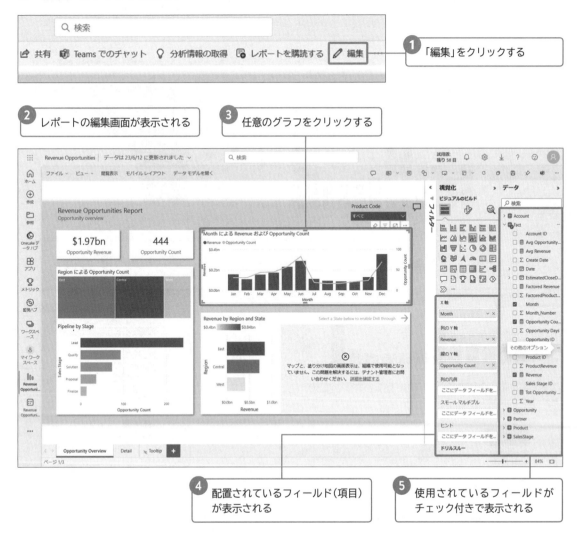

④ 配置されているフィールド（項目）が表示される

⑤ 使用されているフィールドがチェック付きで表示される

目的ごとに見やすくまとめるダッシュボード

これまでにも解説してきたように、ダッシュボードは、基となるレポートやデータセットから必要な複数の情報をわかりやすく配置し、一覧表示することができるものです。

ダッシュボードに配置したグラフや表を編集したい場合は、ダッシュボード上の対象のグラフや表をクリックします。すると、レポートの画面が表示されるため、レポートの編集画面で作業を行います。なお、ダッシュボードからグラフや表を削除しても、基となるレポート上では削除されません。

また、ダッシュボードを組織やグループ内で共有し、共同で編集することもできます。

◉ ダッシュボードのイメージ

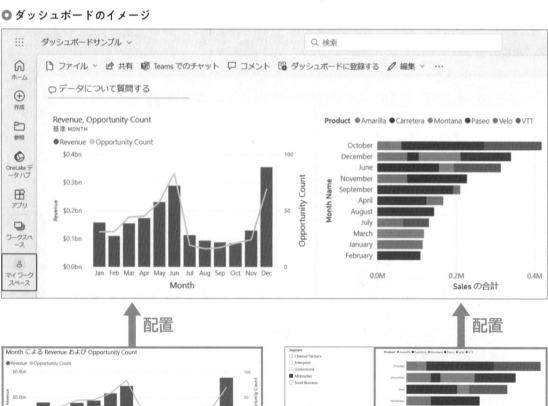

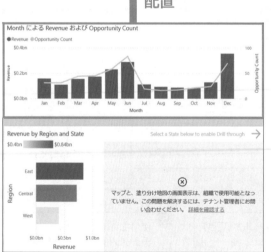

データを取得・加工しよう

. . . .

このCHAPTERでは、
Power BI Desktopを使ってデータを取得し、
さらにPower Queryエディターで
加工する方法を解説します。
データの結合や、行・列の削除、列の分割や追加など、
様々な加工方法を覚えましょう。

データの取得・加工でできること

Power BI Desktop では様々なデータソースに接続し、複数のデータを取得できます。また、事前に完全なデータを準備しなくても、後からデータの追加や加工を行えます。具体的にデータの取得や加工でできることを確認しておきましょう。

必要なデータを豊富に取得できる

　Power BI Desktop では Excel ファイルや CSV ファイル、データベースや Web など、様々な種類のデータソースに接続して、複数のデータを取得できます。また、データ内に含まれている複数のテーブルなどを同時に取得することもでき、データの総合的な活用が可能です。しかも、これらのデータは接続という形で取得しているため、大量のデータでも容量を気にする必要がありません。
　また、データの取得後、Power Query エディターを使って、データに必要な加工をほどこすことができるため、事前に接続元データから必要なデータだけ抜き出してファイルを作るなどの準備が必要ありません。

後から必要なデータを追加できる

　複数のファイルを使用して資料を作成したい場合でも、データを事前に統合しておく必要はありません。データの取得後であれ、資料を作成した後であれ、いつでもデータを追加することができます。

年次（西暦）	年齢（5歳階級）	総数(人)	男(人)	女(人)	総数(%)
2015年1月1日	35〜39歳	8316157	4204202	4111955	6.61898413771614
2015年1月1日	40〜44歳	9732218	4914018	4818200	7.74605344353113
2015年1月1日	45〜49歳	8662804	4354877	4307927	6.89488693685604
2015年1月1日	50〜54歳	7930296	3968311	3961985	6.31187018612008
2015年1月1日	55〜59歳	7515246	3729523	3785723	5.98152416615447
2015年1月1日	60〜64歳	8455010	4151119	4303891	6.72949982476658
2015年1月1日	65〜69歳	9643867	4659662	4984205	7.67573323823061
2015年1月1日	70〜74歳	7695811	3582440	4113371	6.12523921035418
2015年1月1日	75〜79歳	6276856	2787417	3489439	4.99586651607568
2015年1月1日	80〜84歳	4961420	1994326	2967094	3.94888652060653
2015年1月1日	85歳以上	4887487	1461624	3425863	3.9
2020年1月1日	総数	126146099	61349581	64796518	100
2020年1月1日	0〜4歳	4541360	2324576	2216784	3.60008
2020年1月1日	5〜9歳	5114175	2619882	2494293	4.05417
2020年1月1日	10〜14歳	5376067	2755578	2620489	4.26178
2020年1月1日	15〜19歳	5706306	2927618	2778688	4.52357
2020年1月1日	20〜24歳	6319959	3233994	3085965	5.01003
2020年1月1日	25〜29歳	6384151	3279149	3105002	5.06092
2020年1月1日	30〜34歳	6713773	3431250	3282523	5.32222
2020年1月1日	35〜39歳	7498375	3805952	3692423	5.9442
2020年1月1日	40〜44歳	8476244	4298675	4177569	6.71939

Excel ブック A に接続して取得したデータ

Excel ブック B に接続して取得したデータを追加

データの加工も自由に行える

ときには、接続して利用しようとするデータの中に扱いにくいデータがあるものです。そのような場合のために、必要な行のみ取得したり、不要な行や列を削除したり、列を追加・分割したりするといった加工が自由に行えます。また、Power BI Desktop 上でデータを加工しても接続元のデータまで変わることはないため、安心してデータを加工できます。

年次	都道府県	都道府県名	総数（人）	男（人）	女（人）	人口性比
1990年1月1日	01000_北海道	北海道	5643647	2722988	2920659	93.231972647
1990年1月1日	02000_青森県	青森県	1482873	704758	778115	90.572473220£
1990年1月1日	03000_岩手県	岩手県	1416928	680197	736731	92.326371497£
1990年1月1日	04000_宮城県	宮城県	2248558	1105103	1143455	96.645954585C
1990年1月1日	05000_秋田県	秋田県	1227478	584678	642800	90.957996266£
1990年1月1日	06000_山形県	山形県	1258390	607041	651349	93.197502414£
1990年1月1日	07000_福島県	福島県	2104058	1024354	1079704	94.873594985£
1990年1月1日	08000_茨城県	茨城県	2845382	1419117	1426265	99.498830862£
1990年1月1日	09000_栃木県	栃木県	1935168	962571	972597	98.969151663C
1990年1月1日	10000_群馬県	群馬県	1966265	971704	994561	97.701800090€
1990年1月1日	11000_埼玉県	埼玉県	6405319	3245868	3159451	102.735190385
1990年1月1日	12000_千葉県	千葉県	5555429	2802774	2752655	101.82075123
1990年1月1日	13000_東京都	東京都	11855563	5969773	5885790	101.426877275
1990年1月1日	14000_神奈川県	神奈川県	7980391	4098147	3882244	105.561293932
1990年1月1日	15000_新潟県	新潟県	2474583	1200376	1274207	94.205729524£

既存の列のデータの一部を抜き出して、新たに列を追加することもできます。この例では、既存の「都道府県」列から都道府県名だけを抜き出し、新たに列を追加しています。

加工した作業内容は自動記録される

Power Query エディター内で行った作業は、ステップとして自動的に記録されます。作成した資料を保存しておけば、次回以降は更新するだけで最新データで作業内容を再現できます。そのため、作業の効率アップにつながります。

1²₃ 男(人)		1²₃ 女(人)	
32390155		32059₄	
4543442		4467₄	
3914786		3852₄	
3436560		3364₄	
3318663		3220₄	
2815406		2716₄	
2480757		2354₄	
2175040		2038₄	
1856905		1727₄	
1687934		1598₄	
1525157		1521₄	

クエリの設定 ✕

▲ プロパティ
名前
時系列人ロテーブル
すべてのプロパティ

▲ 適用したステップ
　ソース　　　　　　　⚙
　ナビゲーション　　　　⚙
　変更された型
✕ 削除された列

Power Queryエディター内で行った作業はわかりやすいステップ名で自動記録されます。ステップは保存されるため、いつでも再現できます。

16

データを取得する

実際に Power BI Desktop を起動し、Excel ブックに接続してデータを読み込んでみましょう。さらに、読み込んだデータをデータビューで表示します。Power BI Desktop で接続する Excel ブックの注意点についてもあわせて押さえましょう。

このSECTIONでやること

あらかじめ「C ドライブ」に「Sample-PowerBI」フォルダーを用意し、Excel ブック「男女別人口 - 時系列 .xlsx」を入れておきます。この Excel ブックは、昭和 5 年から平成 27 年までの全国の男女別人口のデータです。Power BI Desktop を起動し、Excel ブックに接続して、このデータを取得しましょう。

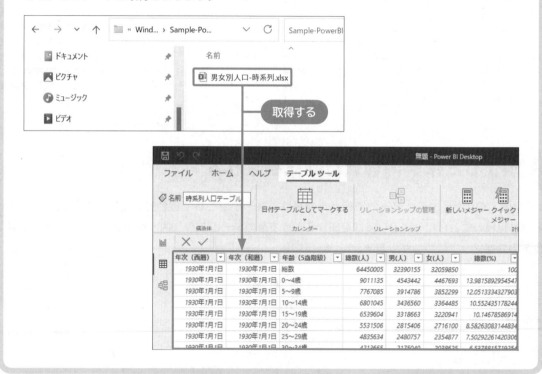

Excelブックのシート見出しとテーブル名を確認する

Power BI Desktop で Excel ブックに接続する際、テーブル名を選択する必要があります。事前に Excel を起動し、接続する Excel ブックを開き、シート名とテーブル名を確認しておきましょう。

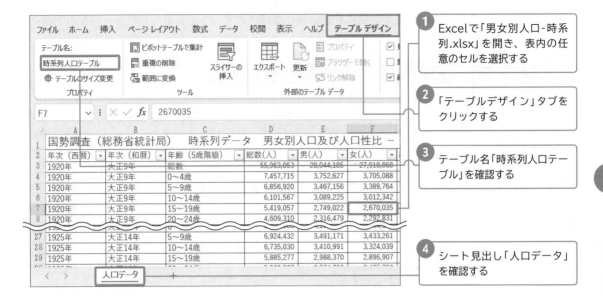

1 Excelで「男女別人口-時系列.xlsx」を開き、表内の任意のセルを選択する

2 「テーブルデザイン」タブをクリックする

3 テーブル名「時系列人口テーブル」を確認する

4 シート見出し「人口データ」を確認する

Power BI Desktop を起動する

Excelブックに接続してデータを取得しましょう。Power BI Desktopを起動したら、初期画面、もしくはレポートビューの「ホーム」タブから「データの取得」を選択し、ファイルの種類に「Excelブック」を指定します。

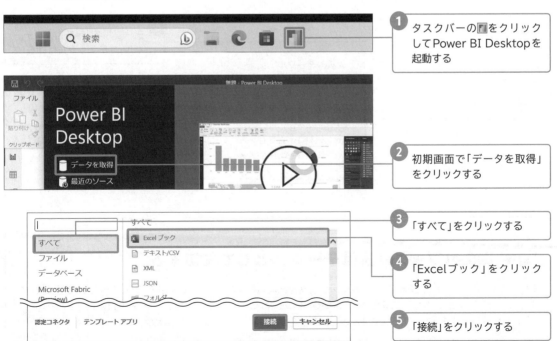

1 タスクバーの■をクリックしてPower BI Desktopを起動する

2 初期画面で「データを取得」をクリックする

3 「すべて」をクリックする

4 「Excelブック」をクリックする

5 「接続」をクリックする

もし、Power BI Desktop を起動後に初期画面が表示されず、下のレポートビューが表示される場合は、以下の操作でファイルを選択する画面を表示してください。

続いて、Excel ブック「男女別人口 - 時系列 .xlsx」を選択します。「ナビゲーター」ウィンドウで Excel ブック内の複数のテーブルを選択できますが、ここでは「時系列人口テーブル」を選択しましょう。テーブル名にチェックを付けると、データの内容がプレビュー表示されます。

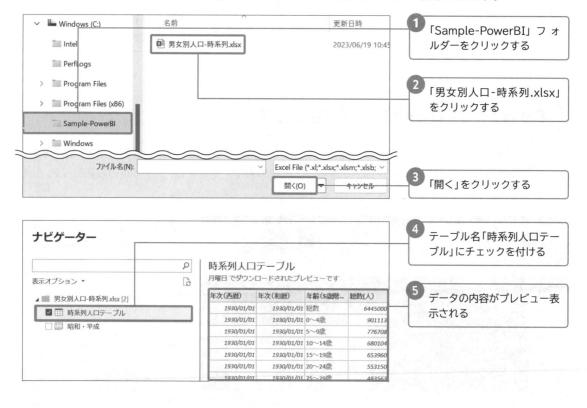

COLUMN

Excel ブックの表はテーブルとして設定する

Power BI Desktopで接続するExcelブックの表は、あらかじめExcel側でテーブルとして設定しておくと、列名などが正しく設定され、作業がスムーズです。また、「ナビゲーター」ウィンドウでテーブル名を選択するため、わかりやすいテーブル名を付けておくとよいでしょう。

プレビューはあくまでデータの内容を確認するためのものです。データが全件プレビュー表示されるわけではありません。下までスクロールすると「サイズ制限よりプレビュー内のデータが切り詰められています。」というメッセージが表示されますが、接続するデータ件数には影響しません。

データの内容を確認したら、「読み込み」をクリックします。

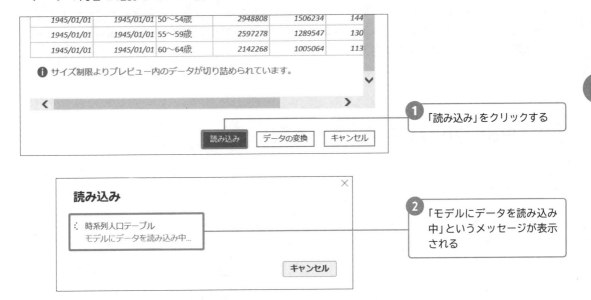

① 「読み込み」をクリックする

② 「モデルにデータを読み込み中」というメッセージが表示される

読み込みが完了したら、データを確認してみましょう。画面左側の▦をクリックしてデータビューを表示します。

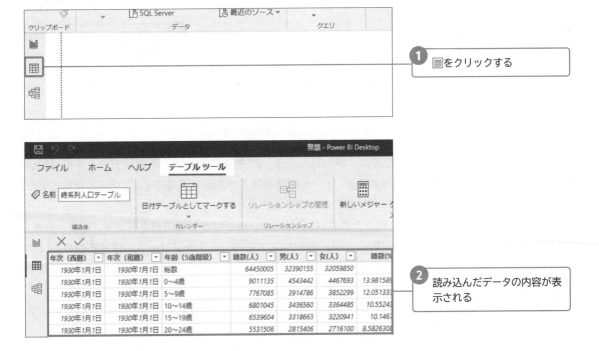

① ▦をクリックする

② 読み込んだデータの内容が表示される

SECTION 17

Power Query エディターの基本操作

Power BI Desktop に読み込んだデータは、Power Query エディターを使って編集することができます。ここでは、SECTION 16 で読み込んだデータを使用して、実際に Power Query エディターで編集しながら、基本操作を覚えましょう。

Power Query エディターを開く

SECTION 16 で読み込んだデータをデータビューで表示している画面から始めます。この状態で、「ホーム」タブの「データの変換」をクリックし、Power Query エディターを開きましょう。

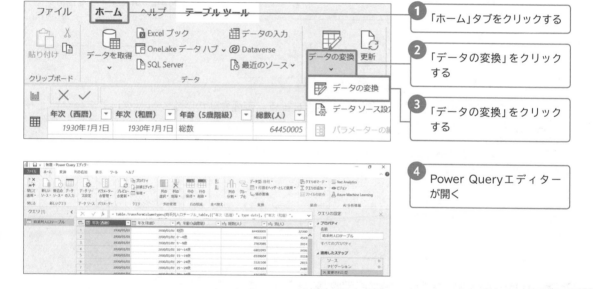

① 「ホーム」タブをクリックする

② 「データの変換」をクリックする

③ 「データの変換」をクリックする

④ Power Query エディターが開く

Power Query エディターを使えば、取り込んだデータを整理したり、不要なデータを取り除いたりできます。データの形式や内容の変更、データの並べ替えや抽出も可能です。さらに、複数のデータソースから取り込んだデータを結合することもできます。

Power Query エディター内で行った操作は、自動的にステップとして記録されます。編集した後、Power Query エディターを閉じてデータに適用すると、接続元のデータソースの情報も含めて、「クエリ」として保存されます。保存されたクエリはいつでも再現できるため、同じ編集作業を繰り返す必要がなく、作業効率が向上します。

なお、Power Query エディターで行った編集は、接続元のデータには影響を与えないため、安心して変更作業を行ってください。

Power Query エディターの画面構成

　Power Query エディターの主な機能を見ていきましょう。下は最初に表示される画面です。クエリ名が表示されるクエリペイン、編集作業を行うデータペイン、そして行った操作が自動的に保存されるステップが表示されるクエリの設定ペインなどで構成されています。

① クエリペイン	クエリの数とクエリの名前が表示されます。
② データペイン	編集や加工を行うとその内容が即座に反映されます。
③ クエリの設定ペイン	取得したテーブル名がクエリ名として自動保存されます。また、エディター内で行った操作がステップとして自動記録されます。
④ リボン	「ファイル」「ホーム」「列の追加」「表示」「ツール」「ヘルプ」タブで機能が区分けされています。

　なお、クエリペインの表示を畳み、データペインの表示を広げて作業しやすくすることもできます。クエリペインを畳むには、クエリペインの ▣ をクリックします。

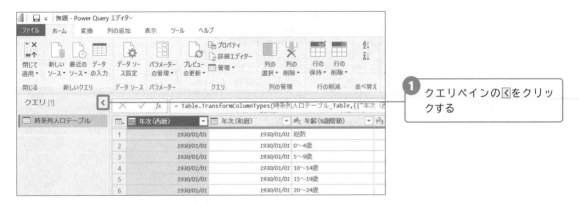

① クエリペインの ◀ をクリックする

Power Queryエディターで最初に表示されるのは「ホーム」タブで、最もよく使用します。「ホーム」タブにある主な機能は以下のとおりです。

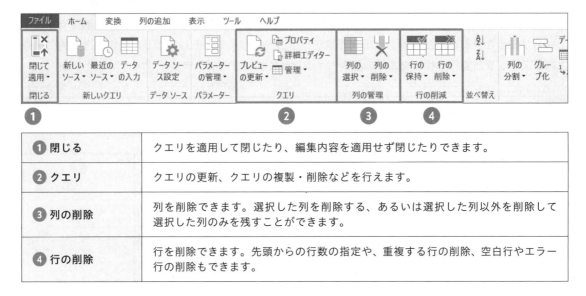

① 閉じる		クエリを適用して閉じたり、編集内容を適用せず閉じたりできます。
② クエリ		クエリの更新、クエリの複製・削除などを行えます。
③ 列の削除		列を削除できます。選択した列を削除する、あるいは選択した列以外を削除して選択した列のみを残すことができます。
④ 行の削除		行を削除できます。先頭からの行数の指定や、重複する行の削除、空白行やエラー行の削除もできます。

Power Queryエディターで不要な列を削除する

　試しに、Power Queryエディターを使ってデータを編集してみましょう。年次は西暦と和暦があるため、年次（和暦）を削除します。データペインで「年次（和暦）」をクリックして選択し、「ホーム」タブの「列の削除」をクリックして列を削除します。

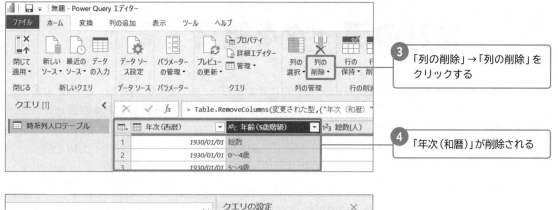

③ 「列の削除」→「列の削除」を
クリックする

④ 「年次（和暦）」が削除される

⑤ クエリの設定ペインの「適用
したステップ」に、列削除の
操作内容が「削除された列」
というステップ名で自動記録
される

　それでは、行った操作をデータに適用し、Power Query エディターを閉じてデータビューを確
認してみましょう。データビューを見ると、「年次（和暦）」の列が削除されています。このように、
Power Query エディターを使うことで、不要な列を削除するといったデータの編集ができます。

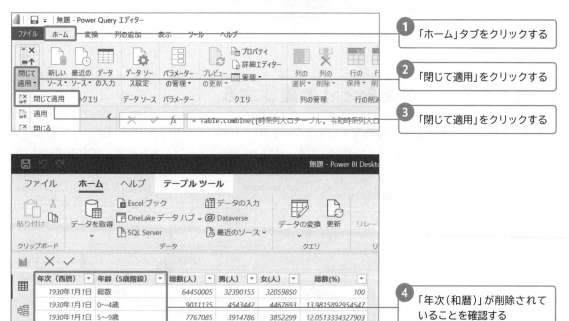

① 「ホーム」タブをクリックする

② 「閉じて適用」をクリックする

③ 「閉じて適用」をクリックする

④ 「年次（和暦）」が削除されて
いることを確認する

複数のデータを結合する

Power BI Desktop では、取得済みのテーブルに新たにデータソースを追加し、データを追加することができます。ここでは Power Query エディターでクエリを結合し、2 つのテーブルを 1 つにまとめる方法を見ていきましょう。

このSECTIONでやること

あらかじめ「C ドライブ」に「Sample-PowerBI」フォルダーを用意し、Excel ブック「男女別人口 - 時系列 - 令和 .xlsx」を入れておきます。この Excel ブックは、令和 2 年の全国の男女別人口のデータです。SECTION 16 で取得したデータに、この令和 2 年のデータを結合しましょう。

追加するデータを Excel で確認する

SECTION 16 で取得した「時系列人口テーブル」のデータに、令和 2 年の人口データを追加します。事前に Excel で「男女別人口 - 時系列 - 令和 .xlsx」を開き、テーブル名を確認しておきましょう。

① Excel で「男女別人口-時系列-令和.xlsx」を開き、「テーブルデザインタブ」をクリックする

② テーブル名「令和時系列人口テーブル」を確認する

SECTION 16 で取得したデータをデータビューで表示している画面から始めます。「ホーム」タブの「データの変換」をクリックし、Power Query エディターを開きましょう。

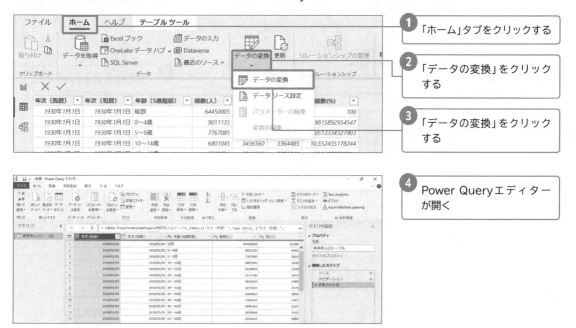

1 「ホーム」タブをクリックする

2 「データの変換」をクリックする

3 「データの変換」をクリックする

4 Power Query エディターが開く

Power Query エディターの「ホーム」タブの「新しいソース」から「男女別人口 - 時系列 - 令和 .xlsx」を追加し、「令和時系列人口テーブル」に接続します。

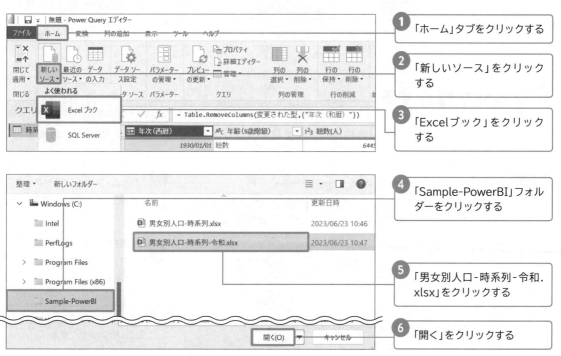

1 「ホーム」タブをクリックする

2 「新しいソース」をクリックする

3 「Excel ブック」をクリックする

4 「Sample-PowerBI」フォルダーをクリックする

5 「男女別人口-時系列-令和.xlsx」をクリックする

6 「開く」をクリックする

「ナビゲーター」ウィンドウが開きます。テーブル名「令和時系列人口テーブル」にチェックを付け、プレビューでデータの内容を確認し、「OK」をクリックしてデータを取得します。

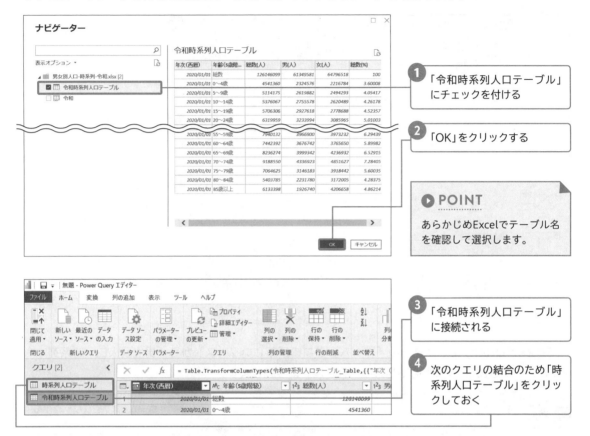

「令和時系列人口テーブル」にチェックを付ける

「OK」をクリックする

▶ POINT

あらかじめExcelでテーブル名を確認して選択します。

「令和時系列人口テーブル」に接続される

次のクエリの結合のため「時系列人口テーブル」をクリックしておく

クエリを結合する

次に、「ホーム」タブの「クエリの追加」でクエリを結合し、2つのデータを1つにまとめます。

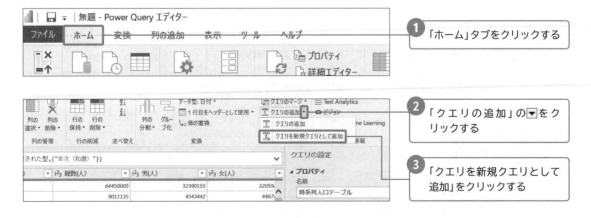

「ホーム」タブをクリックする

「クエリの追加」の▼をクリックする

「クエリを新規クエリとして追加」をクリックする

078

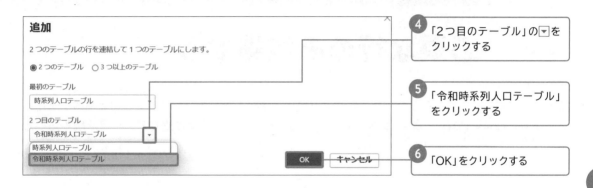

④ 「2つ目のテーブル」の▼を
クリックする

⑤ 「令和時系列人口テーブル」
をクリックする

⑥ 「OK」をクリックする

新しいクエリには「追加1」という仮の名前が付くため、わかりやすい名称「昭和平成令和時系列人口テーブル」に変更します。

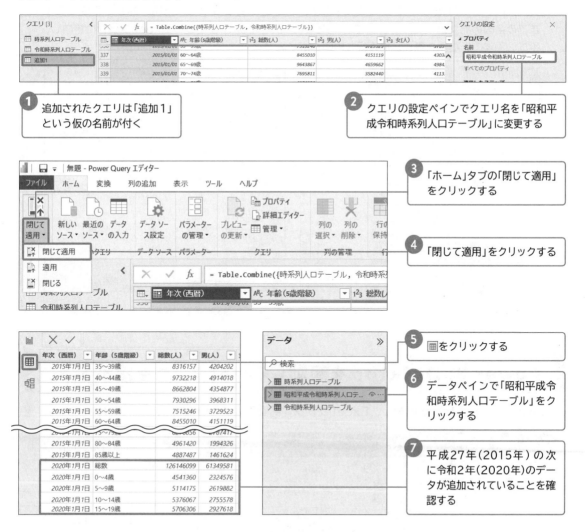

① 追加されたクエリは「追加1」
という仮の名前が付く

② クエリの設定ペインでクエリ名を「昭和平成令和時系列人口テーブル」に変更する

③ 「ホーム」タブの「閉じて適用」
をクリックする

④ 「閉じて適用」をクリックする

⑤ 囲をクリックする

⑥ データペインで「昭和平成令和時系列人口テーブル」をクリックする

⑦ 平成27年（2015年）の次に令和2年（2020年）のデータが追加されていることを確認する

これで操作は完了です。なお、以降はSECTION単位で各操作を行います。

SECTION 19

必要な行のみ取得する

読み込んだデータには、不要な行などが含まれている場合もあります。そこで、接続するファイルを指定した後に、Power Query エディターを開いて、必要な行だけ残してデータを読み込む方法を押さえておきましょう。

このSECTIONでやること

あらかじめ「C ドライブ」に「Sample-PowerBI」フォルダーを用意し、Excel ブック「男女別人口 - 時系列 .xlsx」を入れておきます。この Excel ブックは、昭和 5 年から平成 27 年までの全国の男女別人口のデータです。Power BI Desktop でこの Excel ブックに接続し、平成 27 年の行だけを残し、他の行を削除します。

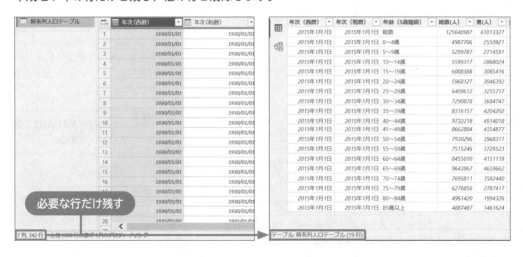

Power BI Desktop を起動し Excel ブックを接続する

Power BI Desktop を起動し、Excel ブック「男女別人口 - 時系列 .xlsx」に接続します。

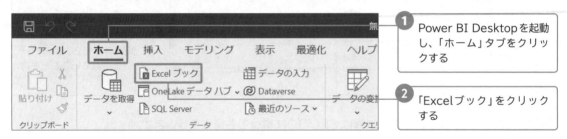

❶ Power BI Desktop を起動し、「ホーム」タブをクリックする

❷ 「Excel ブック」をクリックする

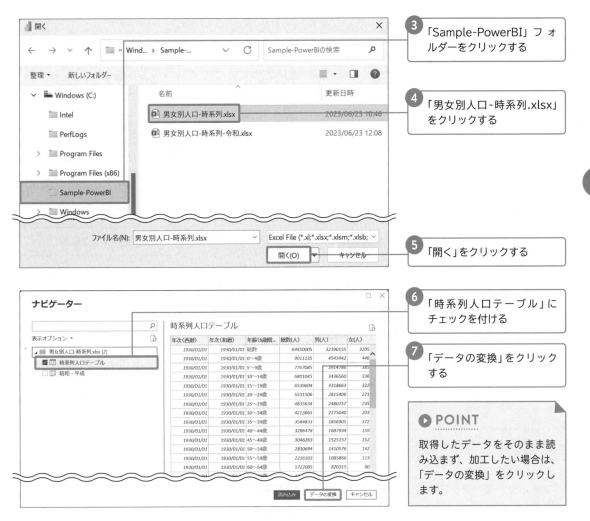

③ 「Sample-PowerBI」フォルダーをクリックする

④ 「男女別人口-時系列.xlsx」をクリックする

⑤ 「開く」をクリックする

⑥ 「時系列人口テーブル」にチェックを付ける

⑦ 「データの変換」をクリックする

▶ POINT

取得したデータをそのまま読み込まず、加工したい場合は、「データの変換」をクリックします。

Power Query エディターが開きます。「時系列人口テーブル」には昭和 5 年（1930 年）から平成 27 年（2015 年）のデータが入っているため、必要な行（平成 27 年の行）だけ残し、それ以外の行を削除します。

削除する前に、平成 27 年だけフィルターで抽出して行数を確認しておきます。

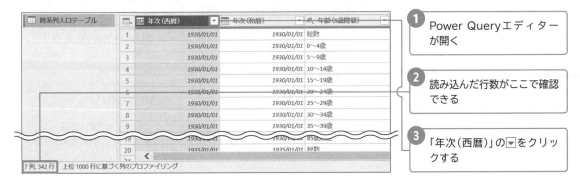

① Power Query エディターが開く

② 読み込んだ行数がここで確認できる

③ 「年次（西暦）」の▼をクリックする

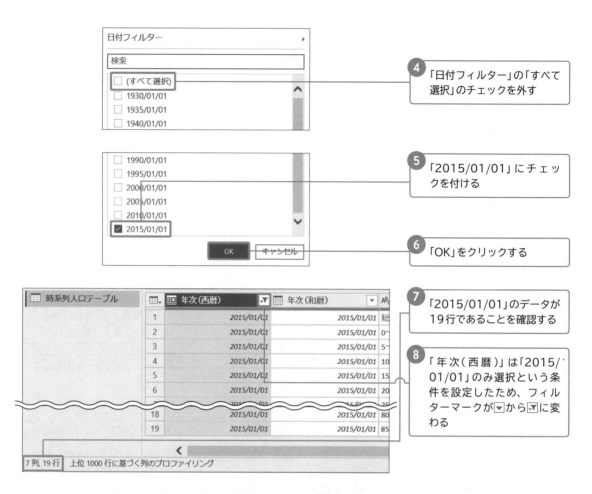

4 「日付フィルター」の「すべて選択」のチェックを外す

5 「2015/01/01」にチェックを付ける

6 「OK」をクリックする

7 「2015/01/01」のデータが19行であることを確認する

8 「年次(西暦)」は「2015/01/01」のみ選択という条件を設定したため、フィルターマークが▼から🔽に変わる

フィルターで「2015/01/01」の行数が19行と確認できました。Power Queryエディターの「ホーム」タブの「行の保持」の「下位の行の保持」機能を使って、19行以外だけを残し、他の行を削除します。

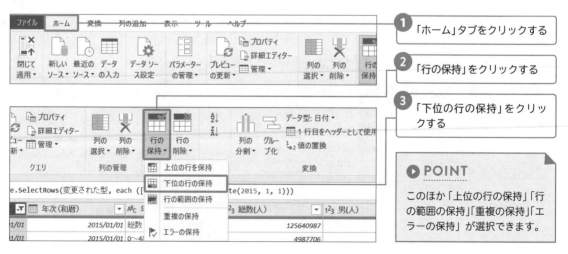

1 「ホーム」タブをクリックする

2 「行の保持」をクリックする

3 「下位の行の保持」をクリックする

▶ POINT

このほか「上位の行の保持」「行の範囲の保持」「重複の保持」「エラーの保持」が選択できます。

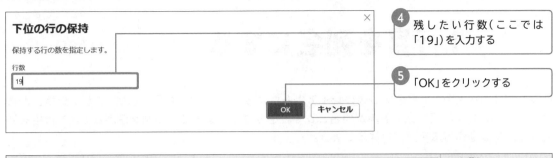

4 残したい行数（ここでは「19」）を入力する

5 「OK」をクリックする

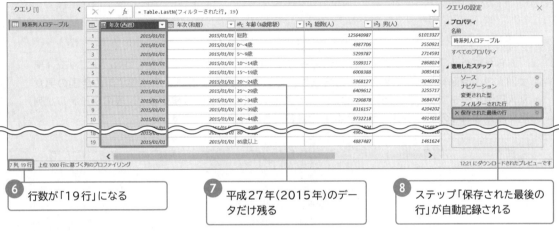

6 行数が「19行」になる

7 平成27年（2015年）のデータだけ残る

8 ステップ「保存された最後の行」が自動記録される

9 「ホーム」タブの「閉じて適用」をクリックする

10 「閉じて適用」をクリックする

Power Query エディターで行った作業が適用され、編集されたデータが読み込まれます。これで必要な行のみ取得することができました。編集された内容をデータビューで確認してみましょう。

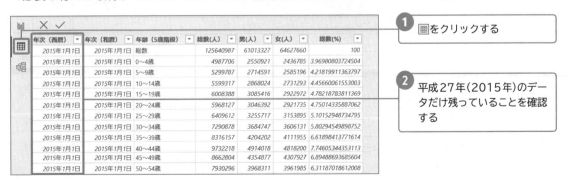

1 ⊞をクリックする

2 平成27年（2015年）のデータだけ残っていることを確認する

SECTION 20

1行目を列名にする

Power BI Desktop で接続する表のレイアウトによっては、列名が正しく設定されない場合があります。ここでは、表のタイトルが列名として設定されてしまっている例を使用して、1行目を列名に設定する操作方法を見ていきましょう。

このSECTIONでやること

あらかじめ「C ドライブ」に「Sample-PowerBI」フォルダーを用意し、Excel ブック「男女別人口 - 時系列 .xlsx」を入れておきます。この Excel ブックは、平成 27 年の全国の男女別人口のデータです。Power BI Desktop で Excel ブックに接続すると、表のタイトルが列名に設定されるので、項目内容を示す 1 行目を列名に設定し直します。

事前に Excel ブックの内容を確認する

作業する前に、Excel で「男女別人口 - 時系列 - 平成 27 年 .xlsx」を開いて内容を確認しておきましょう。

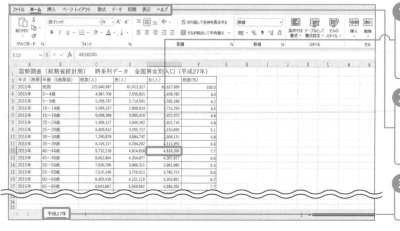

1 Excelで「男女別人口-時系列-平成27年.xlsx」を開き、表内の任意のセルをクリックする

2 「テーブル」タブが表示されないので、この表はテーブルとして定義されていないことがわかる

3 シート見出し「平成27年」を確認する

Power BI DesktopでExcelブックに接続する

Excelブックの表はテーブルとして定義すると、表全体にテーブル名として名称が付き、行や列が増えた場合でも表の範囲を自動拡張して表を管理できて便利です。今回使用する平成27年の全国の男女別人口を一覧にまとめた表はテーブルとして定義されていません。Power BI Desktopでテーブルとして定義されていない表に接続してみましょう。

Power BI Desktopを起動し、レポートビューからデータを取得します。

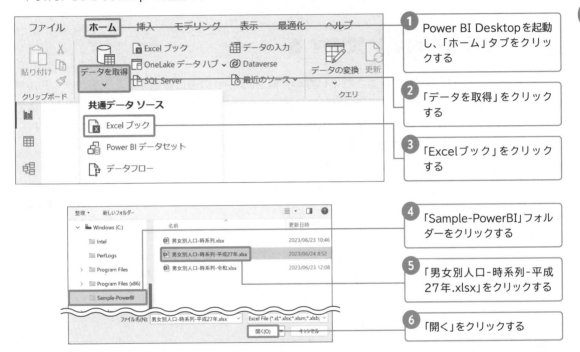

① Power BI Desktopを起動し、「ホーム」タブをクリックする

② 「データを取得」をクリックする

③ 「Excelブック」をクリックする

④ 「Sample-PowerBI」フォルダーをクリックする

⑤ 「男女別人口-時系列-平成27年.xlsx」をクリックする

⑥ 「開く」をクリックする

「ナビゲーター」ウィンドウが開きます。シート名を選択しプレビューウィンドウで内容を確認すると、表の列名に「Column2」「Column3」と表示されている箇所があります。ひとまず読み込んでみましょう。

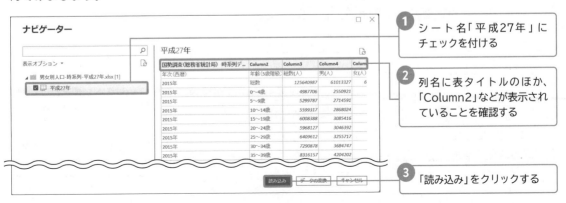

① シート名「平成27年」にチェックを付ける

② 列名に表タイトルのほか、「Column2」などが表示されていることを確認する

③ 「読み込み」をクリックする

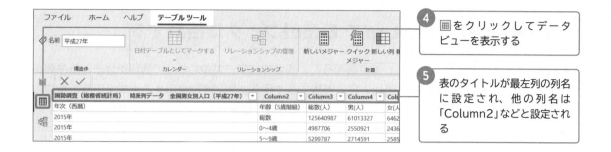

④ ⊞をクリックしてデータ
ビューを表示する

⑤ 表のタイトルが最左列の列名
に設定され、他の列名は
「Column2」などと設定され
る

表の1行目を列名に設定する

　このように、テーブルとして定義されていないExcelブックの表に接続すると、表のタイトルが
表の先頭行と認識されて列名として設定されてしまいます。タイトルの右隣以降のセルには何も入力
されていなかったため、「Column2」「Column3」……と、仮の列名が自動で設定されています。
　Power Queryエディターを開き、「ホーム」タブの「1行目をヘッダーとして使用」を使用して、
表の1行目を列名として正しく設定し直しましょう。

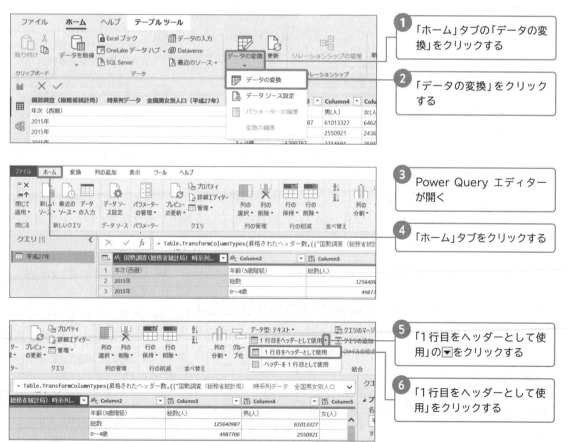

① 「ホーム」タブの「データの変
換」をクリックする

② 「データの変換」をクリック
する

③ Power Query エディター
が開く

④ 「ホーム」タブをクリックする

⑤ 「1行目をヘッダーとして使
用」の▼をクリックする

⑥ 「1行目をヘッダーとして使
用」をクリックする

⑦ 正しく列名が設定されたこと
を確認する

⑧ ステップ「昇格されたヘッダー数1」
「変更された型1」が自動記録される

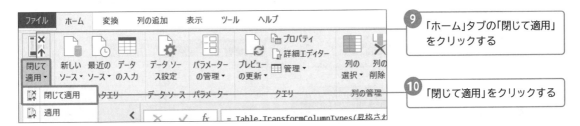

⑨ 「ホーム」タブの「閉じて適用」
をクリックする

⑩ 「閉じて適用」をクリックする

データビューで確認する

Power Query エディターで行った作業が適用され、Power Query エディターが閉じます。も
しレポートビューが表示されていたら、データビューを表示してデータ内容を確認しましょう。これ
で列名を正しく設定することができました。

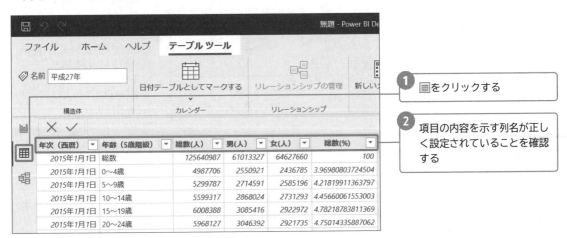

① ▦ をクリックする

② 項目の内容を示す列名が正し
く設定されていることを確認
する

SECTION

21

データ型や書式を整える

Power BI Desktop で Excel ブックやデータベースなどに接続すると、データの内容が変わってしまう場合があります。そのようなときに役立つのが、データ型の変更や書式の設定です。具体的な操作方法を見ていきましょう。

このSECTIONでやること

あらかじめ「C ドライブ」に「Sample-PowerBI」フォルダーを用意し、Excel ブック「男女別人口 - 時系列 - 令和 .xlsx」を入れておきます。この Excel ブックは、令和 2 年の全国の男女別人口のデータです。Power BI Desktop で Excel ブックに接続すると「年次（西暦）」が正しく表示されないため、データの種類を表すデータ型を設定して正しく表示します。さらに、見た目を整える書式も設定します。

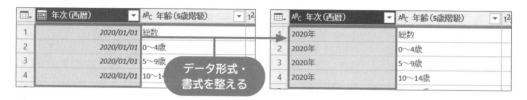

接続するExcelブックのデータ内容を確認する

Power BI Desktop でデータに接続した際に、接続元と同じデータになっているか確認するために、事前に接続元のデータ内容を確認しておくとスムーズに作業を進めることができます。Excel ブック「男女別人口 - 時系列 - 令和 .xlsx」を開いてデータの内容を確認しましょう。

1 Excelで「男女別人口-時系列-令和.xlsx」を開き、「テーブルデザイン」タブでテーブル名「令和時系列人口テーブル」を確認する

2 「年次（西暦）」は年のみ入力されている

3 「総数（%）」は小数点1桁までの数値で入力されている

Power BI DesktopでExcelブックに接続する

Power BI Desktop を起動し、Excel ブック「男女別人口‐時系列‐令和.xlsx」に接続します。

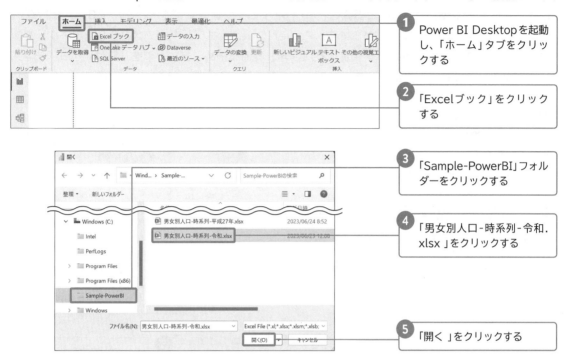

1. Power BI Desktopを起動し、「ホーム」タブをクリックする
2. 「Excelブック」をクリックする
3. 「Sample-PowerBI」フォルダーをクリックする
4. 「男女別人口‐時系列‐令和.xlsx」をクリックする
5. 「開く」をクリックする

「ナビゲーター」ウィンドウのプレビューでデータの内容を確認します。Excel で開いたときは「年次（西暦）」が「2020 年」でしたが、ここでは「2020/01/01」に変わってしまっています。

このように、正しい内容に変更したいデータがある場合は、そのまま読み込まず、「データの変換」をクリックして Power Query エディターを開き、データの内容を整えます。

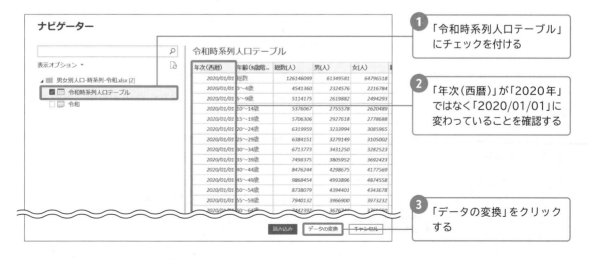

1. 「令和時系列人口テーブル」にチェックを付ける
2. 「年次（西暦）」が「2020年」ではなく「2020/01/01」に変わっていることを確認する
3. 「データの変換」をクリックする

データ型を変更する

「年次（西暦）」の列を見ると「2020年」が「2020/01/01」に変わっていました。これは、接続した際にデータ型が「日付」と認識され、「1月1日」が自動で付加されて、「2020/01/01」というデータに変わってしまったからです。Power Query エディターではこうしたデータ型を変更することができます。本来のデータは「2020年」であるため、データ型を「日付」から「テキスト」に変更し、本来のデータに戻しましょう。

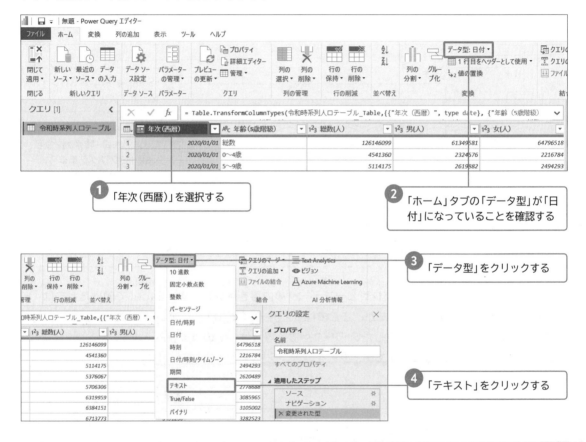

データ型を変更する場合、既存のデータを置き換える「現在のものを置換」か、既存のデータは変更せず新たに追加する「新規手順の追加」を選択できます。ここでは「現在のものを置換」を選択して置き換えます。

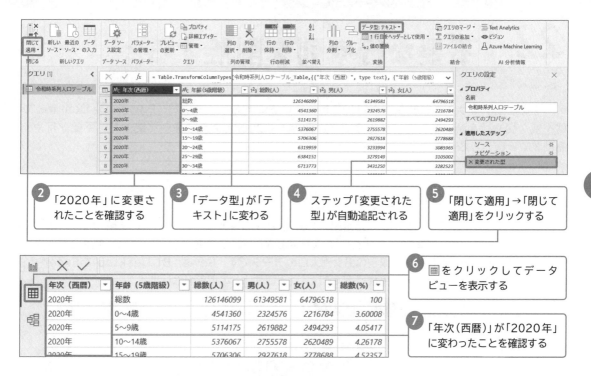

② 「2020年」に変更されたことを確認する

③ 「データ型」が「テキスト」に変わる

④ ステップ「変更された型」が自動追記される

⑤ 「閉じて適用」→「閉じて適用」をクリックする

⑥ 囲をクリックしてデータビューを表示する

⑦ 「年次（西暦）」が「2020年」に変わったことを確認する

数値の桁区切りなどの書式を整える

数値の桁区切りなどの書式を変更したい場合は、Power Query エディターではなくデータビューで操作します。ここでは「列ツール」タブを使用して、「総数（人）」「男（人）」「女（人）」に桁区切りを設定し、「総数（%）」は小数点1桁までの表示に変更しましょう。

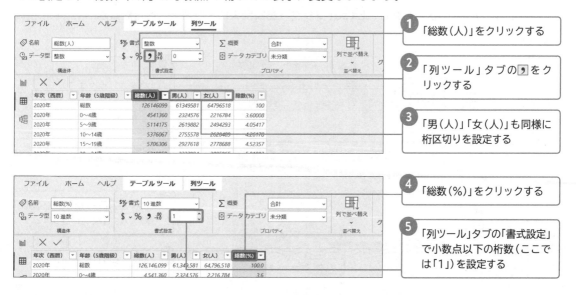

① 「総数（人）」をクリックする

② 「列ツール」タブの⑨をクリックする

③ 「男（人）」「女（人）」も同様に桁区切りを設定する

④ 「総数（%）」をクリックする

⑤ 「列ツール」タブの「書式設定」で小数点以下の桁数（ここでは「1」）を設定する

SECTION 22

不要な行や列を削除する

データを活用するうえで余計な行や列が含まれていることもありますが、Power BI Desktop では不要な列や行を削除することができます。Power Query エディターを使って、不要な行や列を削除する操作方法を確認しましょう。

このSECTIONでやること

あらかじめ「C ドライブ」に「Sample-PowerBI」フォルダーを用意し、Excel ブック「男女別人口 – 時系列 – 都道府県別 .xlsx」を入れておきます。この Excel ブックは、平成 2 年から令和 2 年までの全国都道府県別の男女別人口のデータです。Power BI Desktop で Excel ブックに接続し、平成 2 年と平成 7 年の行と、「人口性比」の列を削除します。

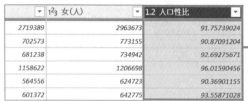

不要な行・列を削除する

Power BI Desktopで Excel ブックに接続する

Power BI Desktop を起動し、Excel ブック「男女別人口 – 時系列 – 都道府県別 .xlsx」に接続します。

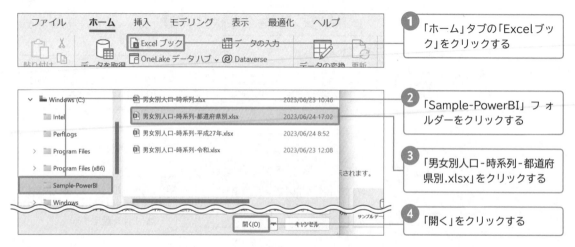

① 「ホーム」タブの「Excel ブック」をクリックする

② 「Sample-PowerBI」フォルダーをクリックする

③ 「男女別人口-時系列-都道府県別.xlsx」をクリックする

④ 「開く」をクリックする

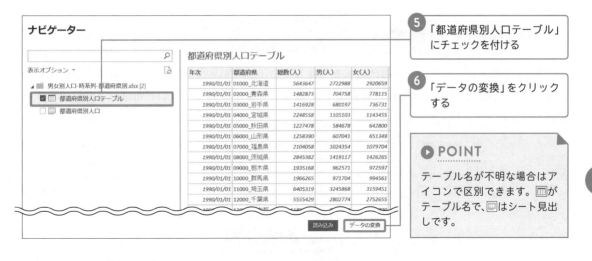

⑤「都道府県別人口テーブル」
にチェックを付ける

⑥「データの変換」をクリック
する

POINT

テーブル名が不明な場合はア
イコンで区別できます。🔳が
テーブル名で、🔲はシート見出
しです。

フィルターを使って不要な行を削除する

Power Query エディターが開いたら、フィルターを使って不要な行を削除します。このデータは
平成2年（1990年）から令和2年（2020年）までのデータです。2000年以降のデータだけに
するため、平成2年（1990年）と平成7年（1995年）の行を削除します。フィルターで1990
年と1995年のチェックを外し、2000年以降の行だけを抽出します。

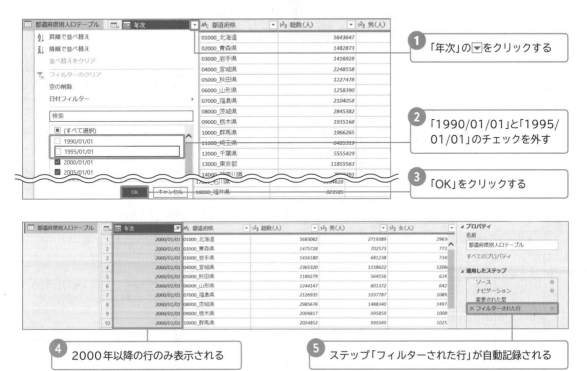

①「年次」の▼をクリックする

②「1990/01/01」と「1995/
01/01」のチェックを外す

③「OK」をクリックする

④ 2000年以降の行のみ表示される

⑤ ステップ「フィルターされた行」が自動記録される

不要な列を削除する

　さらに、「ホーム」タブの「列の削除」を使用して、不要な列を削除します。列名「人口性比」を
クリックして選択し列を削除を行います。「人口性比」が表示されていない場合は、スクロールバー
を右方向にドラッグして表示してください。

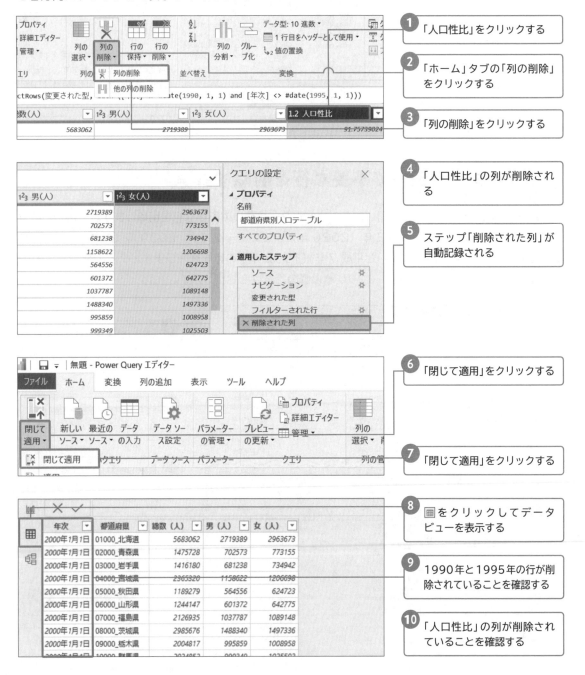

1 「人口性比」をクリックする

2 「ホーム」タブの「列の削除」
をクリックする

3 「列の削除」をクリックする

4 「人口性比」の列が削除され
る

5 ステップ「削除された列」が
自動記録される

6 「閉じて適用」をクリックする

7 「閉じて適用」をクリックする

8 🞖 をクリックしてデータ
ビューを表示する

9 1990年と1995年の行が削
除されていることを確認する

10 「人口性比」の列が削除され
ていることを確認する

削除したい列の方が多い場合は「他の列を削除」

　残したい列の数より削除したい列の数のほうが多い場合は、「他の列を削除」を使用して列を削除することができます。

　Power Query エディターを開き、残したい列（ここでは「年次」「都道府県」「総数（人）」）を選択して、それ以外の列を削除しましょう。

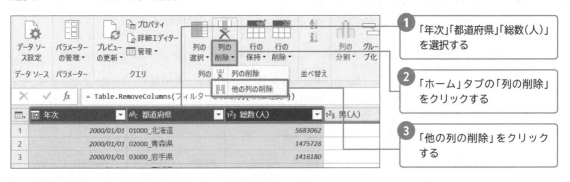

1 「年次」「都道府県」「総数(人)」を選択する

2 「ホーム」タブの「列の削除」をクリックする

3 「他の列の削除」をクリックする

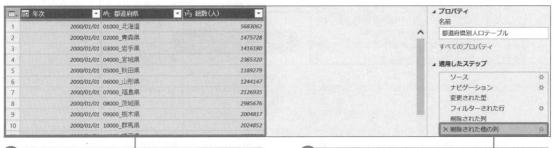

4 選択した列だけが残り、それ以外の列は削除される

5 ステップ「削除された他の列」が自動記録される

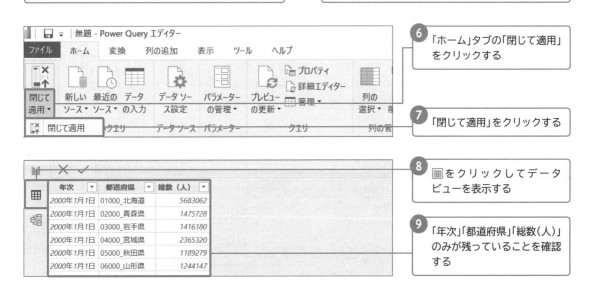

6 「ホーム」タブの「閉じて適用」をクリックする

7 「閉じて適用」をクリックする

8 ▦をクリックしてデータビューを表示する

9 「年次」「都道府県」「総数(人)」のみが残っていることを確認する

列を追加する

Power BI Desktop に読み込んだデータに不足がある場合もあるでしょう。そのようなときのため、後から列を追加することができます。ここでは、Power Query エディターで既存のデータに列を追加する操作方法を確認しましょう。

このSECTIONでやること

あらかじめ「C ドライブ」に「Sample-PowerBI」フォルダーを用意し、Excel ブック「男女別人口 - 時系列 - 都道府県別 .xlsx」を入れておきます。このブックは、平成 2 年から令和 2 年までの全国都道府県別の男女別人口のデータです。Power BI Desktop で Excel ブックに接続し、新たに「都道府県名」の列を追加します。

Power BI Desktop で Excel ブックに接続する

Power BI Desktop を起動し、Excel ブック「男女別人口 - 時系列 - 都道府県別 .xlsx」に接続します。

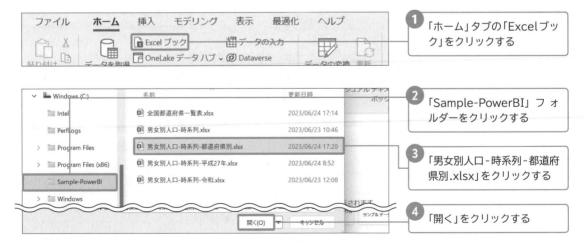

① 「ホーム」タブの「Excel ブック」をクリックする

② 「Sample-PowerBI」フォルダーをクリックする

③ 「男女別人口 - 時系列 - 都道府県別 .xlsx」をクリックする

④ 「開く」をクリックする

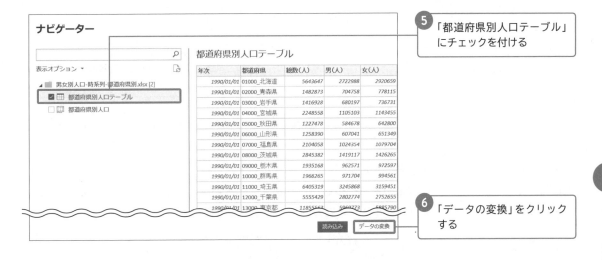

⑤ 「都道府県別人口テーブル」
にチェックを付ける

⑥ 「データの変換」をクリック
する

既存の列から一部を抜き出し列を追加する

　Power Query エディターが開いたら、列を追加します。このデータは平成 2 年（1990 年）か
ら令和 2 年（2020 年）までの都道府県別の人口データです。都道府県ごとにグラフを作ろうと思
いますが、「都道府県」の列を見ると、都道府県名の先頭に 5 桁の数字と「＿」が付いています。例えば、
北海道なら「01000＿北海道」となっています。このままではグラフの名称として使いづらいため、
この列から都道府県名を抜き出して、「都道府県名」の列を新しく追加しましょう。そのためには、「列
の追加」タブの「抽出」の「区切り記号の後のテキスト」を使用します。

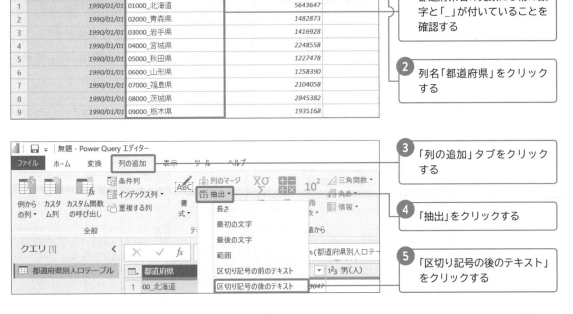

① 都道府県名の先頭に 5 桁の数
字と「＿」が付いていることを
確認する

② 列名「都道府県」をクリック
する

③ 「列の追加」タブをクリック
する

④ 「抽出」をクリックする

⑤ 「区切り記号の後のテキスト」
をクリックする

| | | | 今回区切り記号として使用されている「_」を入力する |
| | | | 「OK」をクリックする |

既存の列（ここでは「都道府県」）から、「_」の後のテキストが抜き出され、新たに列を追加できました。このとき、新たな列は表の最右列に追加されます。列数が多い場合は追加された列が見えない場合もあるため、適宜、スクロールバーを右方向にドラッグして確認しましょう。

都道府県名だけ抽出された列が追加される

ステップ「区切り記号の後に挿入されたテキスト」が自動記録される

追加した列の名前を変更する

追加された列には自動的に仮の列名が付きます。適宜、わかりやすい名前に変更しておきましょう。ここでは「都道府県名」に変更します。なお、すでにある列名と同じ列名にはできないことに注意しましょう。

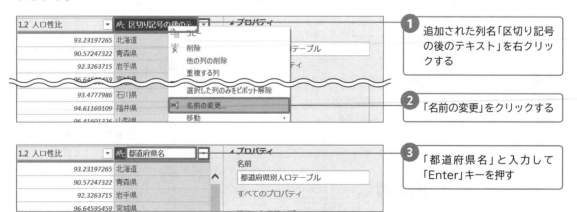

追加された列名「区切り記号の後のテキスト」を右クリックする

「名前の変更」をクリックする

「都道府県名」と入力して「Enter」キーを押す

追加した列を任意の場所に移動する

　新たな列は表の最右列に追加されます。見づらい場合は、列を移動することができます。追加した列「都道府県名」を選択して、「都道府県」の右側までドラッグして移動しましょう。

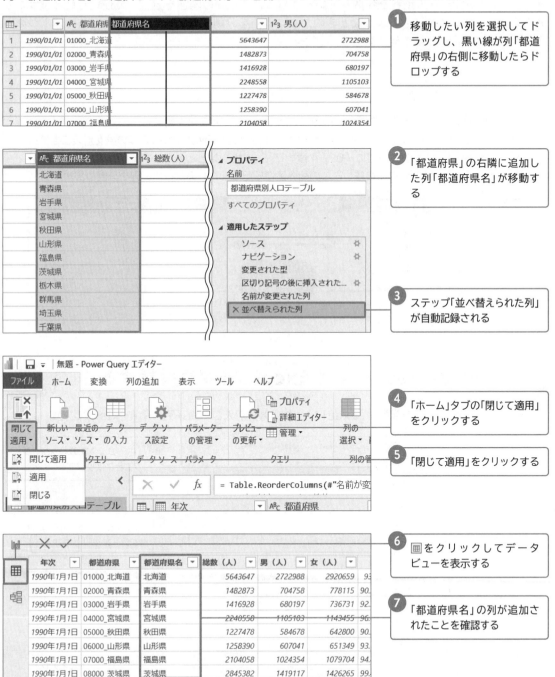

① 移動したい列を選択してドラッグし、黒い線が列「都道府県」の右側に移動したらドロップする

② 「都道府県」の右隣に追加した列「都道府県名」が移動する

③ ステップ「並べ替えられた列」が自動記録される

④ 「ホーム」タブの「閉じて適用」をクリックする

⑤ 「閉じて適用」をクリックする

⑥ 🔳 をクリックしてデータビューを表示する

⑦ 「都道府県名」の列が追加されたことを確認する

24

列を分割する

Power BI Desktop で資料を作成しているうちに、データの内容を分割して使いたいと思うことがあるかもしれません。そのようなときのために、列を分割する機能も備わっています。1 つの列を 2 列に分ける操作方法を見ていきましょう。

このSECTIONでやること

あらかじめ「C ドライブ」に「Sample-PowerBI」フォルダーを用意し、Excel ブック「男女別人口 - 時系列 - 令和 .xlsx」を入れておきます。この Excel ブックは令和 2 年の男女別人口のデータで、「年齢（5 歳階級）」の列に「0 〜 4 歳」「5 〜 9 歳」などと入力されています。Power BI Desktop で Excel ブックに接続し、この列の区切り記号「〜」の前後で、列を分割します。

Power BI Desktop で Excel ブックに接続する

Power BI Desktop を起動し、Excel ブック「男女別人口 - 時系列 - 令和 .xlsx」に接続します。

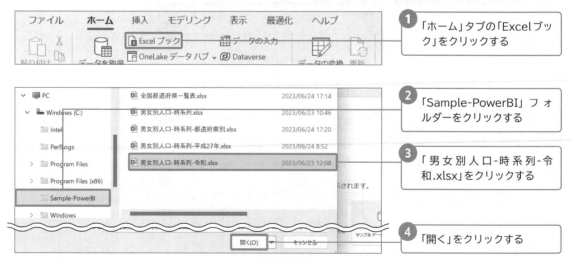

1 「ホーム」タブの「Excel ブック」をクリックする

2 「Sample-PowerBI」フォルダーをクリックする

3 「男女別人口-時系列-令和.xlsx」をクリックする

4 「開く」をクリックする

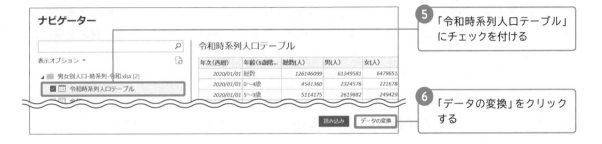

5 「令和時系列人口テーブル」にチェックを付ける

6 「データの変換」をクリックする

1つの列を2列に分割する

Power Query エディターが開いたら、1つの列を2列に分割します。このデータは令和2年（2020年）の人口データで、「年齢（5歳階級）」の列には「0～4歳」「5～9歳」などと入力されています。この列を、区切り記号「～」の前後で分けて、2列に分割してみましょう。そのためには、「ホーム」タブの「列の分割」の「区切り記号による分割」を使用します。

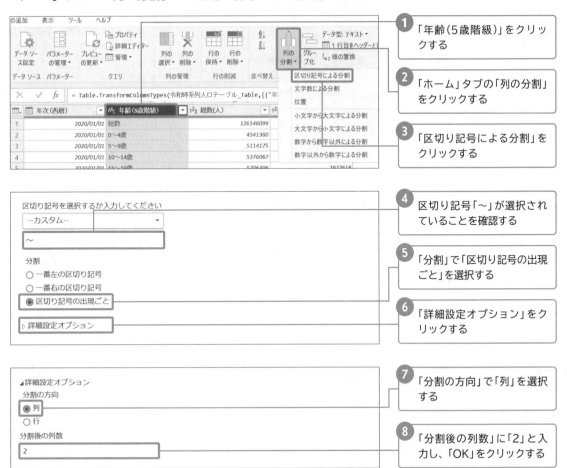

1 「年齢（5歳階級）」をクリックする

2 「ホーム」タブの「列の分割」をクリックする

3 「区切り記号による分割」をクリックする

4 区切り記号「～」が選択されていることを確認する

5 「分割」で「区切り記号の出現ごと」を選択する

6 「詳細設定オプション」をクリックする

7 「分割の方向」で「列」を選択する

8 「分割後の列数」に「2」と入力し、「OK」をクリックする

分割の結果を見てみましょう。既存の列には、区切り記号「～」の左側の文字列のみ残ります。「～」が含まれないデータは変更されずそのままになります。そして、区切り記号「～」の右側の文字列は新たな列として追加されます。「～」が含まれないデータは分割されず、空欄（null）となります。なお、2つの列名の最後にそれぞれ「.1」「.2」が付いて区別されます。

それでは、この内容を適用してデータビューで確認してみましょう。

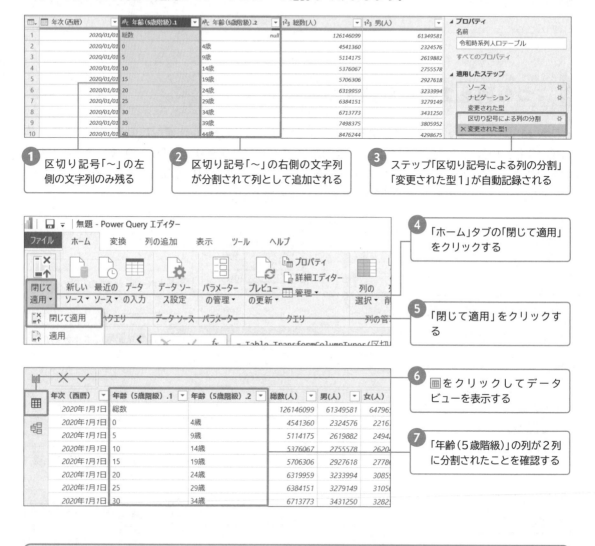

1 区切り記号「～」の左側の文字列のみ残る

2 区切り記号「～」の右側の文字列が分割されて列として追加される

3 ステップ「区切り記号による列の分割」「変更された型1」が自動記録される

4 「ホーム」タブの「閉じて適用」をクリックする

5 「閉じて適用」をクリックする

6 をクリックしてデータビューを表示する

7 「年齢（5歳階級）」の列が2列に分割されたことを確認する

COLUMN
適用したステップについて

自動記録されるステップは、1つの操作で1ステップとは限りません。今回は分割という1つの操作で、2つのステップが自動記録されました。列の分割だけでなく、追加された列のデータ型が設定されるステップも含まれており、これがステップ「変更された型1」です。

列を分割する方法は複数ある

　列の分割には、区切り記号で分ける方法のほか、文字数や位置を指定して分ける方法もあります。また、大文字・小文字や数字と数字以外で分ける方法もあります。

　それでは、分割してできた「年齢（5歳階級）.2」の列を、数字と数字以外（ここでは「歳」）に分けてみましょう。Power Queryエディターを開いて「年齢（5歳階級）.2」の列名を選択し、「ホーム」タブの「列の分割」の「数字から数字以外による分割」を使用して分割します。

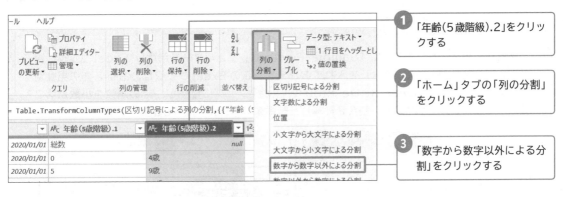

① 「年齢（5歳階級）.2」をクリックする

② 「ホーム」タブの「列の分割」をクリックする

③ 「数字から数字以外による分割」をクリックする

④ 「年齢（5歳階級）.2」が数字と文字列の2列に分割される

⑤ ステップ「文字の移行による列の分割」が自動記録される

COLUMN
列の分割後に設定される列名について

列の分割を行うと、分割元の列の名前の最後に「.1」が付加され、新たに追加された列は、分割元の列名の最後に「.2」と付加された列名になります。これは、同じ列名を付けることができないため、「.1」「.2」と付加して区別しているからです。列名はP.98で解説したとおり、自由に変更することができます。列名はグラフや表を作成する際にドラッグして使う大切なものなので、わかりやすい名前にしておくことをおすすめします。

簡単な数式で列を追加する

Power BI Desktop で資料を作成する際、取得したデータを基に計算し、その結果を使いたいという場合もあるでしょう。そのため、専用の関数の知識がなくても簡単に計算できる機能を使って、列を追加する操作方法を確認しましょう。

このSECTIONでやること

あらかじめ「C ドライブ」に「Sample-PowerBI」フォルダーを用意し、Excel ブック「男女別人口 - 時系列 - 令和 .xlsx」を入れておきます。この Excel ブックは、令和 2 年の男女別人口のデータです。Power BI Desktop で Excel ブックに接続し、% の端数を小数点第 2 位以下で四捨五入した結果や、割合を計算した結果を、列として追加します。

小数点第2位以下で四捨五入する

Power BI Desktopで Excelブックを接続する

Power BI Desktop を起動し、Excel ブック「男女別人口 - 時系列 - 令和 .xlsx」に接続します。

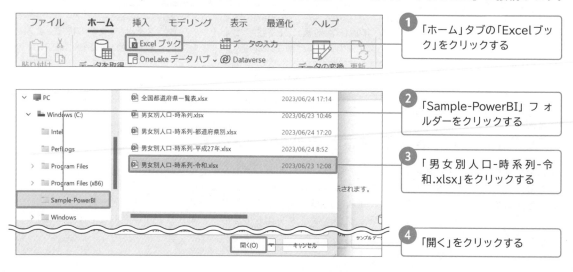

1 「ホーム」タブの「Excel ブック」をクリックする

2 「Sample-PowerBI」フォルダーをクリックする

3 「男女別人口 - 時系列 - 令和 .xlsx」をクリックする

4 「開く」をクリックする

小数点第2位以下の端数を四捨五入した列を追加する

　Power Query エディターが開いたら、「総数（％）」の列を確認してください。小数点の端数が多いので、これを小数点第 2 位以下で四捨五入し、小数点第 1 位までの数字にした列を追加しましょう。そのためには、「列の追加」タブの「丸め」の「四捨五入」を使用します。なお、「切り上げ」「切り捨て」も選択できます。

　設定画面では、「小数点以下の桁数」に「1」と入力すると、小数点第 2 位以下で四捨五入され、小数点第 1 位までの数字が新たな列に追加されます。例えば、「5 ～ 9 歳」の「4.05417」なら「4.1」となります。

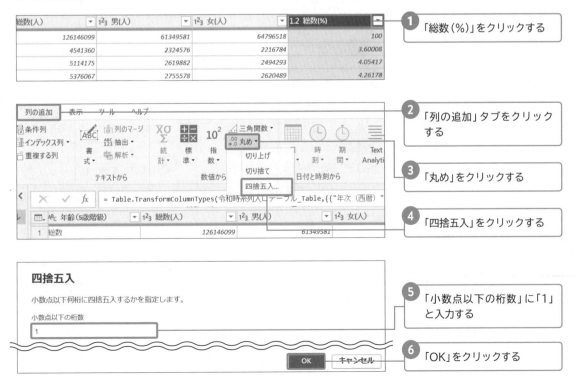

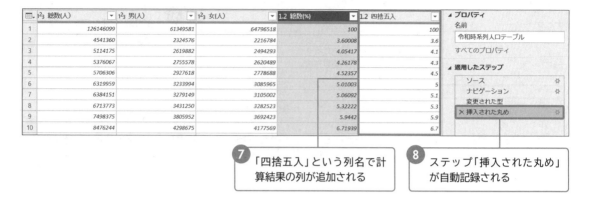

	1²₃ 総数(人)	1²₃ 男(人)	1²₃ 女(人)	1.2 総数(%)	1.2 四捨五入
1	126146099	61349581	64796518	100	100
2	4541360	2324576	2216784	3.60008	3.6
3	5114175	2619882	2494293	4.05417	4.1
4	5376067	2755578	2620489	4.26178	4.3
5	5706306	2927618	2778688	4.52357	4.5
6	6319959	3233994	3085965	5.01003	5
7	6384151	3279149	3105002	5.06092	5.1
8	6713773	3431250	3282523	5.32222	5.3
9	7498375	3805952	3692423	5.9442	5.9
10	8476244	4298675	4177569	6.71939	6.7

プロパティ
名前
令和時系列人口テーブル
すべてのプロパティ

適用したステップ
- ソース
- ナビゲーション
- 変更された型
- × 挿入された丸め

7 「四捨五入」という列名で計算結果の列が追加される

8 ステップ「挿入された丸め」が自動記録される

次に、計算元の列「総数（%）」を削除し、四捨五入して追加した列の名前を「総数（%）」に変更しましょう。

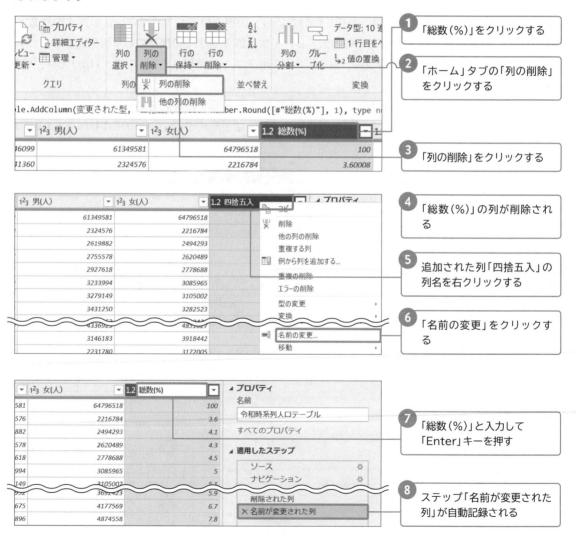

1 「総数（%）」をクリックする

2 「ホーム」タブの「列の削除」をクリックする

le.AddColumn(変更された型, ... Number.Round([#"総数(%)"], 1), type n

3 「列の削除」をクリックする

4 「総数（%）」の列が削除される

5 追加された列「四捨五入」の列名を右クリックする

6 「名前の変更」をクリックする

7 「総数（%）」と入力して「Enter」キーを押す

8 ステップ「名前が変更された列」が自動記録される

106

用意された計算機能を使って列を追加する

Power Query エディターで関数を使った数式を作りたい場合は、専用の関数（M 関数）を使用します。関数の知識がなくても、あらかじめ用意されている機能を使って計算し、列を追加することができます。

ここでは、「総数（人）」に対する性別ごとの人数の割合を計算した列を追加しましょう。「列の追加」タブの「標準」の「次に対するパーセンテージ」を使用します。

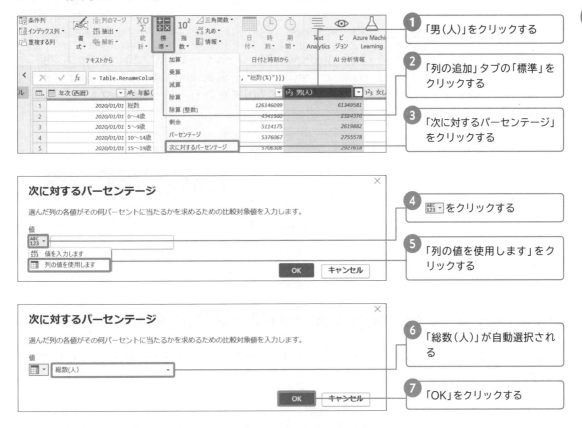

1 「男（人）」をクリックする

2 「列の追加」タブの「標準」をクリックする

3 「次に対するパーセンテージ」をクリックする

4 [ABC 123] をクリックする

5 「列の値を使用します」をクリックする

6 「総数（人）」が自動選択される

7 「OK」をクリックする

同じ手順で「女（人）」の割合も計算して列を追加します。Power Query エディターを閉じて適用し、データビューで確認すると、「総数（%）」は端数が四捨五入され、性別ごとの割合の列も追加されています。

1 ▦ をクリックしてデータビューを表示する

3 「総数（人）」に対する性別ごとの割合が計算されていることを確認する

2 「総数（%）」が小数点第 1 位までの数値になったことを確認する

SECTION
26

テーブルのリレーションシップを確認する

Power BI Desktopで複数のテーブルに接続すると、それぞれのつながりを表すリレーションシップが自動的に検出されて形成されるため、個々のテーブルのデータを連動して利用できます。ここではリレーションシップを確認しましょう。

このSECTIONでやること

あらかじめ「Cドライブ」に「Sample-PowerBI」フォルダーを用意し、Excelブック「男女別人口 - 時系列 - 都道府県別.xlsx」と「全国都道府県一覧表.xlsx」を入れておきます。それぞれのExcelブックに接続し、各テーブルのつながりを表すリレーションシップを、モデルビューで具体的に確認してみましょう。

両テーブルのつながりを確認する

Power BI DesktopでExcelブックに接続する

Power BI Desktopを起動し、Excelブック「男女別人口 - 時系列 - 都道府県別.xlsx」に接続します。

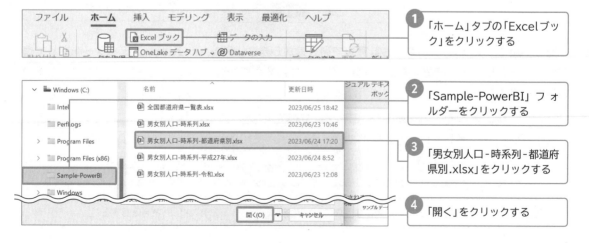

1 「ホーム」タブの「Excelブック」をクリックする

2 「Sample-PowerBI」フォルダーをクリックする

3 「男女別人口 - 時系列 - 都道府県別.xlsx」をクリックする

4 「開く」をクリックする

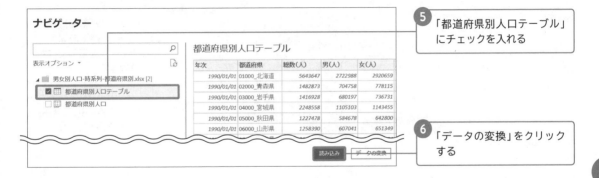

5 「都道府県別人口テーブル」にチェックを入れる

6 「データの変換」をクリックする

新たにデータソースを追加する

Power Query エディターが開いたら、さらに Excel ブック「全国都道府県一覧表 .xlsx」を新たなデータソースとして追加しましょう。

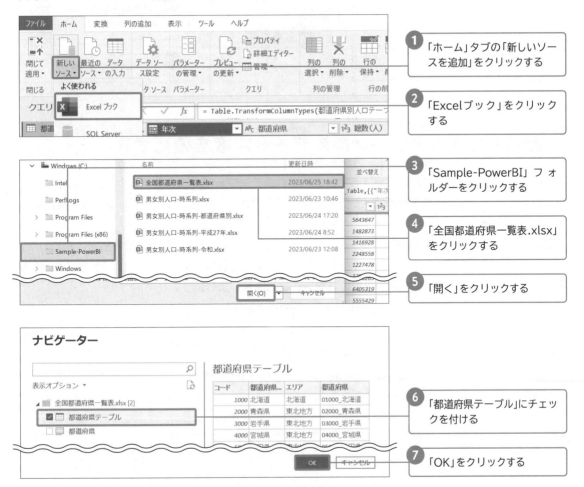

1 「ホーム」タブの「新しいソースを追加」をクリックする

2 「Excel ブック」をクリックする

3 「Sample-PowerBI」フォルダーをクリックする

4 「全国都道府県一覧表.xlsx」をクリックする

5 「開く」をクリックする

6 「都道府県テーブル」にチェックを付ける

7 「OK」をクリックする

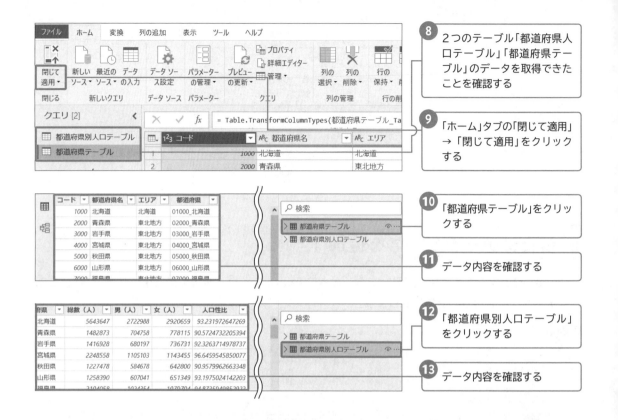

⑧ 2つのテーブル「都道府県人口テーブル」「都道府県テーブル」のデータを取得できたことを確認する

⑨ 「ホーム」タブの「閉じて適用」→「閉じて適用」をクリックする

⑩ 「都道府県テーブル」をクリックする

⑪ データ内容を確認する

⑫ 「都道府県別人口テーブル」をクリックする

⑬ データ内容を確認する

接続した2つのテーブルのデータ内容を確認する

　このように複数のテーブルに接続すると、それぞれのテーブル間の関係性を表すリレーションシップが自動で検出されて作成されます。モデルビューに表示されるので、リレーションシップを確認してみましょう。

　両テーブルは「都道府県」列でリレーションシップを形成していることが自動で検出されました。これでエリアごとの「総数（人）」の合計を表すグラフなどを作成できます。なお、両テーブルの列名が同一名称になっていないと自動検出されないことに注意しましょう。

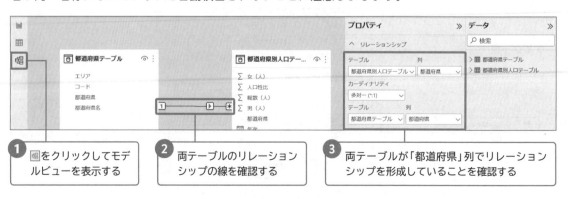

❶ 📊をクリックしてモデルビューを表示する

❷ 両テーブルのリレーションシップの線を確認する

❸ 両テーブルが「都道府県」列でリレーションシップを形成していることを確認する

データを
ビジュアルで
可視化しよう

. . . .

Power BI Desktop には、
データを視覚化するビジュアルが多数用意されています。
縦棒グラフや横棒グラフのほか、折れ線グラフや面グラフ、
ツリーマップなど、様々な種類があります。
データに応じて使い分けましょう。

縦棒グラフを作成する

ここからは、Power BI Desktop でグラフなどのビジュアルでデータを視覚化する方法を紹介します。まずは、集合縦棒グラフの作成方法を覚えましょう。グラフの書式を整える方法や、データテーブルの表示方法についても解説します。

このSECTIONでやること

あらかじめ「C ドライブ」に「Sample-PowerBI」フォルダーを用意し、Excel ブック「男女別人口 - 時系列 - 都道府県別 .xlsx」を入れておきます。Power BI Desktop で Excel ブックに接続してデータを取得し、1990 年から 2020 年までの人口を表す集合縦棒グラフを作成します。

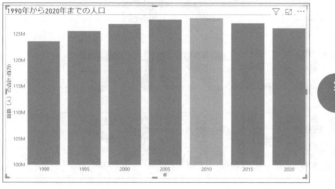

集合縦棒グラフを
作成する

Power BI Desktop で Excel ブックに接続する

集合縦棒グラフは、データの値を棒の高さで表現するグラフであり、項目間の比較に適しています。棒の高さによって数値の大小を直感的に理解しやすいうえ、多くの項目を並べやすいため、幅広い数値データに使用されます。

Power BI Desktop では、項目を選択するだけで集合縦棒グラフを作成することができます。

まずは、Power BI Desktop を起動し、Excel ブック「男女別人口 - 時系列 - 都道府県別 . xlsx」に接続します。

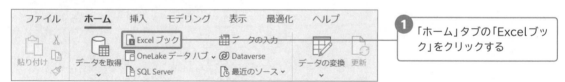

① 「ホーム」タブの「Excel ブック」をクリックする

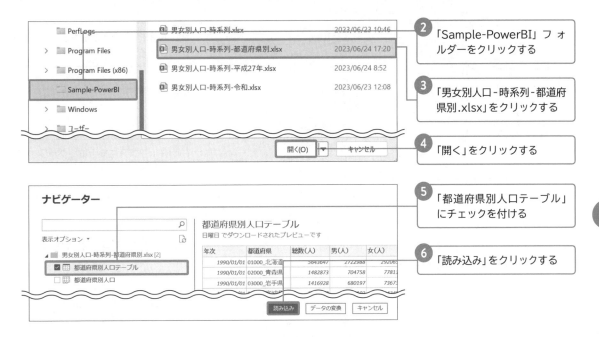

Excelブックに接続され、グラフを作る準備ができました。このPower BIファイルは SECTION 28以降でも使います。「男女別人口 - 時系列 - 都道府県別 .pbix」という名前で、同じ 「Sample-PowerBI」フォルダー内に保存しておきましょう。

視覚化ペインから集合縦棒グラフを作成する

Excel ブック「男女別人口 - 時系列 - 都道府県別 .xlsx」に接続して読み込みが完了すると、 Power BI Desktopのレポートビューが表示されます。

それでは、取得したデータを使って、1990年から2020年までの人口を表す集合縦棒グラフを 作成しましょう。項目を表すフィールドをドラッグしてグラフを作成するため、レポートビューのデー タペイン内の▷をクリックしてフィールド一覧を開いておきましょう。もしデータペインが閉じてい る場合は、≪をクリックして開きましょう。

集合縦棒グラフは、視覚化ペインでビジュアル一覧から⊪をクリックしてキャンバスに配置します。

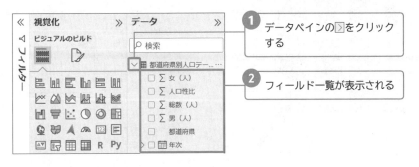

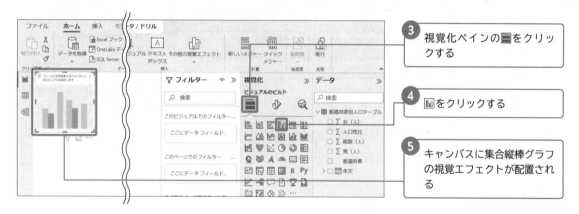

③ 視覚化ペインの▦をクリックする

④ ⊞をクリックする

⑤ キャンバスに集合縦棒グラフの視覚エフェクトが配置される

グラフの内容は、データペインの各フィールドを視覚化ペインにドラッグして配置します。ここでは、データペインの「年次」を「X軸」に、「総数（人）」を「Y軸」にドラッグして配置してみましょう。これでキャンバスの集合縦棒グラフが作成されます。

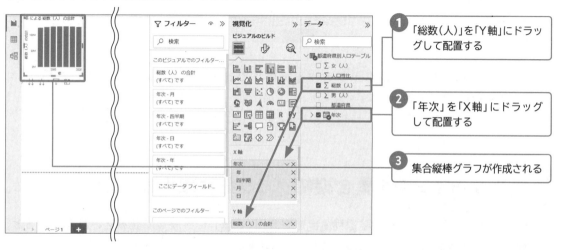

① 「総数（人）」を「Y軸」にドラッグして配置する

② 「年次」を「X軸」にドラッグして配置する

③ 集合縦棒グラフが作成される

作成されたグラフの大きさは、四隅にある◢をドラッグして調整します。

なお、「年次」を配置したX軸を見ると、「年」「四半期」「月」「日」という階層が自動で設定されています。今回は「年」を使用するため、それ以外は「×」をクリックして削除します。

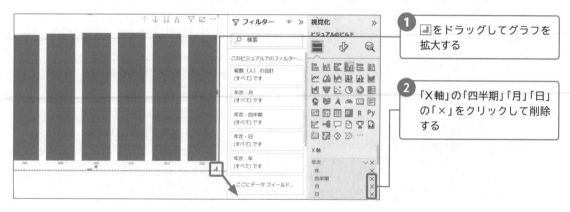

① ◢をドラッグしてグラフを拡大する

② 「X軸」の「四半期」「月」「日」の「×」をクリックして削除する

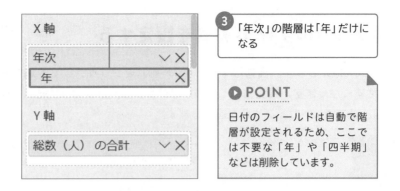

③ 「年次」の階層は「年」だけになる

▶ POINT

日付のフィールドは自動で階層が設定されるため、ここでは不要な「年」や「四半期」などは削除しています。

集合縦棒グラフのX軸の書式を設定する

これで集合縦棒グラフを作成することができました。ここからはグラフの書式を設定し、さらに見やすく仕上げていきましょう。視覚化ペインの📝をクリックし、設定したい要素の書式を表示して設定します。

まず、X軸の書式を設定します。視覚化ペインの「ビジュアルの書式設定」の「ビジュアル」タブの「X軸」をクリックして書式設定を開き、「値」でフォントサイズや色を設定します。

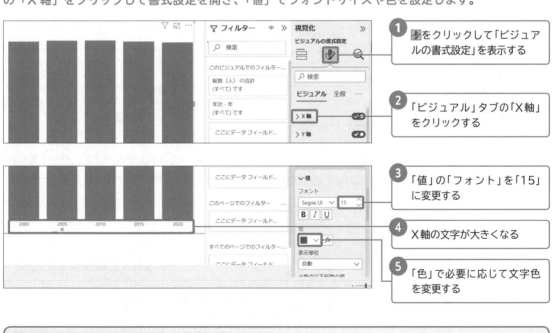

① 📝をクリックして「ビジュアルの書式設定」を表示する

② 「ビジュアル」タブの「X軸」をクリックする

③ 「値」の「フォント」を「15」に変更する

④ X軸の文字が大きくなる

⑤ 「色」で必要に応じて文字色を変更する

COLUMN

書式をリセットする

変更した書式を設定前に戻したい場合は、「規定値にリセット」をクリックします。

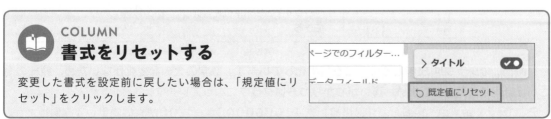

集合縦棒グラフのY軸の書式を設定する

続いて、Y軸の書式を設定します。視覚化ペインの「X軸」をクリックしてX軸の書式設定を閉じておくと操作がしやすくなります。視覚化ペインの「ビジュアル」タブの「Y軸」をクリックして書式設定を開き、「値」でフォントサイズや色を設定します。

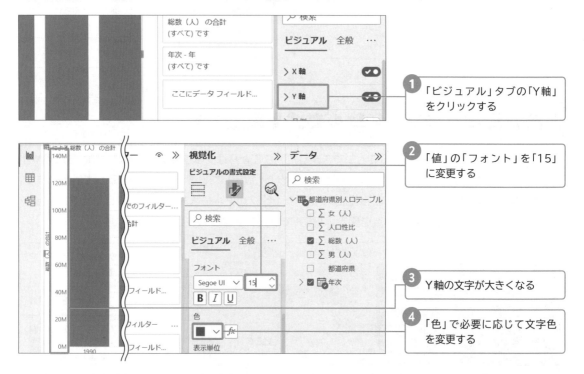

1. 「ビジュアル」タブの「Y軸」をクリックする

2. 「値」の「フォント」を「15」に変更する

3. Y軸の文字が大きくなる

4. 「色」で必要に応じて文字色を変更する

なお、人口は一番少ない1990年が「123,611,167」、一番多い2010年が「128,057,352」です。数字の桁数が多いため、グラフのY軸は自動的に百万単位になっていますが、表示単位は「値」の「表示単位」で変更できます。

1. 「値」の「表示単位」の☑をクリックすると表示単位を選択できる

> ● POINT
>
> 主な単位の省略記号は下記のとおりです。
> 千単位＝K
> 百万単位＝M
> 十億単位＝bn
> 兆単位＝T

なお、このグラフは5年ごとの人口を可視化しています。数字の大きな変化がないため、縦棒の高さがほぼ同じに見えてしまい、違いがわかりづらいグラフになっています。

そこで、「Y軸」の「範囲」の「最小値」を「100000000」（100M）に変更してみましょう。

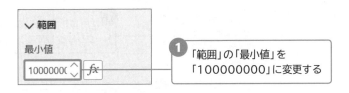

❶ 「範囲」の「最小値」を
「100000000」に変更する

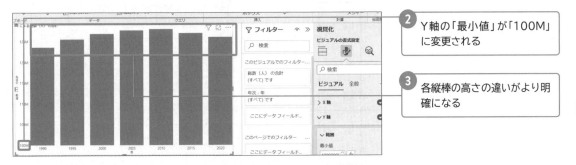

❷ Y軸の「最小値」が「100M」
に変更される

❸ 各縦棒の高さの違いがより明
確になる

　このように、データの数字に合わせて、Y軸の最小値や最大値を変更することで、グラフをより
見やすく仕上げることができます。

集合縦棒グラフの色を変更する

　作成されたグラフは、初期状態では明るい青色になりますが、色は自由に変更することができます。
現行の色をオレンジ色に変えてみましょう。視覚化ペインの「ビジュアル」タブの「列」の「色」で
色を変更します。

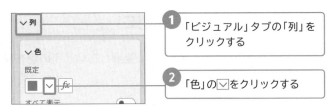

❶ 「ビジュアル」タブの「列」を
クリックする

❷ 「色」の☑をクリックする

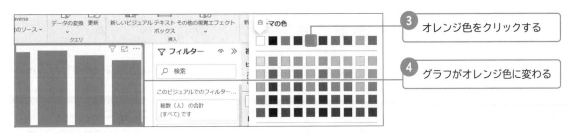

❸ オレンジ色をクリックする

❹ グラフがオレンジ色に変わる

　特に目立たせたい1本だけ違う色に設定するなど、縦棒ごとに色を設定することもできます。その
場合は、「列」の「色」の「すべて表示」をオンにします。個々の縦棒の設定が表示されるため、こ
こでは最高値の2010年だけ別の色に変更してみましょう。

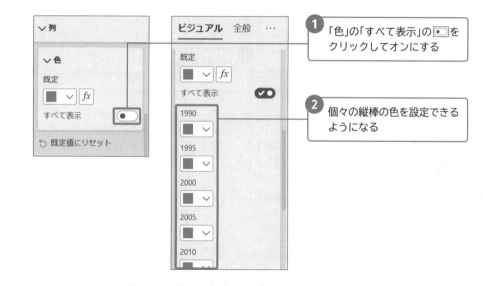

① 「色」の「すべて表示」の ☐ を
クリックしてオンにする

② 個々の縦棒の色を設定できる
ようになる

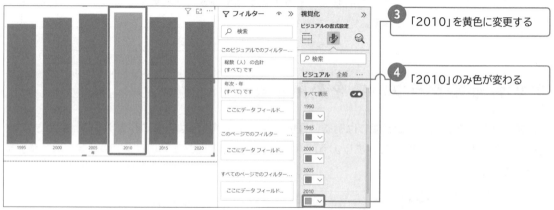

③ 「2010」を黄色に変更する

④ 「2010」のみ色が変わる

　2010年の色を変えることができました。このように強調したい箇所の色を変えることで、伝えたいメッセージを明確に視覚化することができます。

グラフのタイトルを変更する

　作成されたグラフのタイトルは、使用されているフィールドと計算方法の組み合わせで、仮に自動設定されます。今回は「年による総数（人）の合計」となっています。このタイトルは自由に変更でき、さらにタイトルの書式も設定できます。またタイトルを非表示にすることもできます。
　それでは、グラフのタイトルを変更しましょう。視覚化ペインで「全般」タブに切り替え、「タイトル」の「テキスト」で、「1990年から2020年までの人口」というタイトルに変更します。フォントサイズは「フォント」で大きめの「24」にし、文字色は「テキストの色」で紺色に設定してみましょう。

① 「全般」タブをクリックして「タイトル」の設定画面を表示する

② 「タイトル」の「テキスト」を「1990年から2020年までの人口」に変更する

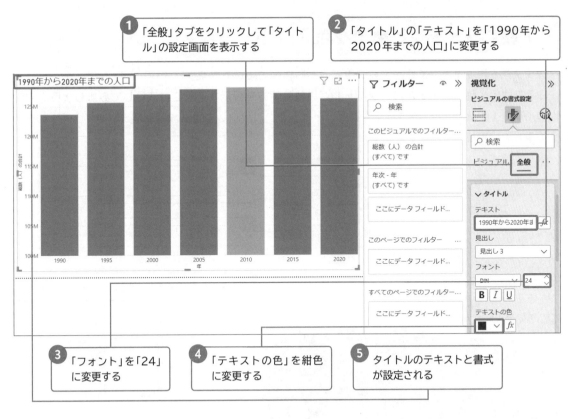

③ 「フォント」を「24」に変更する

④ 「テキストの色」を紺色に変更する

⑤ タイトルのテキストと書式が設定される

また、タイトルの下に線を表示してグラフエリアと区切ることもできます。「タイトル」の「区切り線」をオンに設定しましょう。

① 「タイトル」の「区切り線」の⦿をクリックしてオンにする

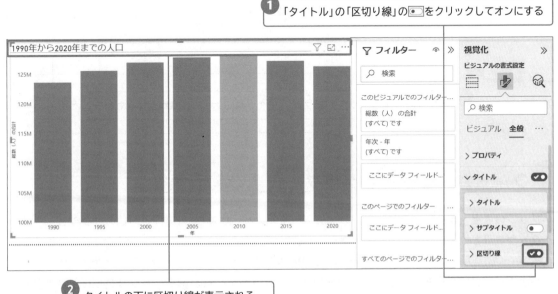

② タイトルの下に区切り線が表示される

Y軸にタイトルと単位を表示する

グラフタイトル同様、X軸とY軸のタイトルも自由に設定できます。

ここでは、Y軸のタイトルに、タイトルと単位の両方を表示する設定に変更してみましょう。視覚化ペインで「ビジュアル」タブに切り替え、「Y軸」をクリックして書式設定を開き、「タイトル」の「スタイル」で設定します。

① 「ビジュアル」タブをクリックする

② 「Y軸」をクリックする

③ 「タイトル」の「スタイル」の∧をクリックする

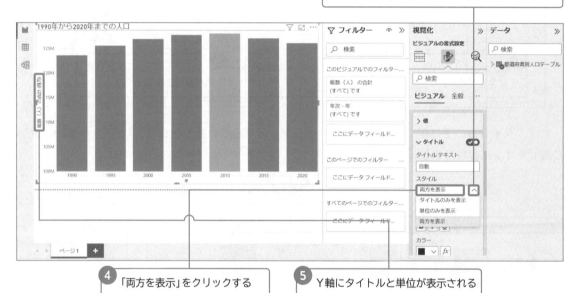

④ 「両方を表示」をクリックする

⑤ Y軸にタイトルと単位が表示される

フォーカスモードでグラフを大きく表示する

グラフの右上（または右下）には「フィルター」「フォーカスモード」「その他のオプション」のアイコンが表示されています。フォーカスモードの⬚をクリックすると、グラフが拡大表示されます。

Power BI Desktop では、1つのページ内に複数のグラフや表を配置することができます。グラフが小さくて見づらいときなどは、フォーカスモードで表示すると選択したグラフだけを拡大表示できるので便利です。なお、「レポートに戻る」をクリックすると、前の画面に戻ることができます。

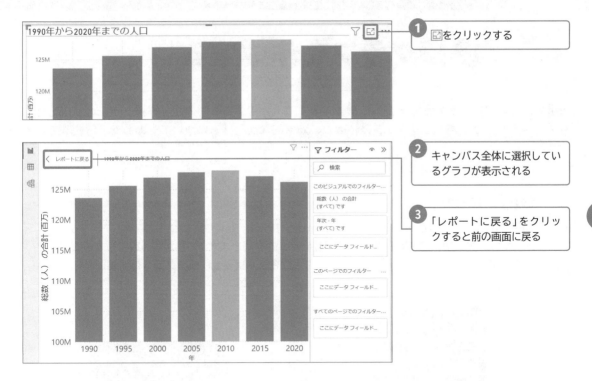

1 ⊡をクリックする

2 キャンバス全体に選択しているグラフが表示される

3 「レポートに戻る」をクリックすると前の画面に戻る

グラフの下にグラフデータの一覧表を表示する

　グラフと一緒にグラフデータの一覧表を表示したい場合、別途、表を作成する必要はありません。「データ／ドリル」タブから「視覚エフェクトテーブル」をクリックすることで、グラフデータの一覧表を表示することができます。

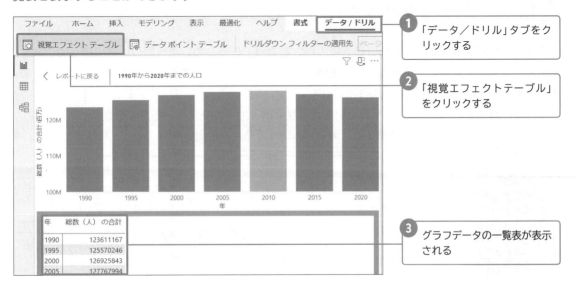

1 「データ／ドリル」タブをクリックする

2 「視覚エフェクトテーブル」をクリックする

3 グラフデータの一覧表が表示される

SECTION 28

横棒グラフを作成する

複数の項目の数値とその合計を1つの横棒で表すことができる、積み上げ横棒グラフの作成方法を見ていきましょう。積み上げグラフの特徴と、効果的な仕上げ方についてもあわせて解説していきます。

このSECTIONでやること

SECTION 27で「Cドライブ」の「Sample-PowerBI」フォルダーに保存した、Power BIファイル「男女別人口 - 時系列 - 都道府県別 .pbix」を開きます。あらかじめ取得しているデータを使って、1995年から2020年の男女の人数を表す積み上げ横棒グラフを作成します。

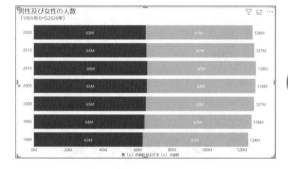

積み上げ横棒グラフを作成する

積み上げ横棒グラフを作成する

積み上げ横棒グラフは、データの値を棒の長さで表現できるため、項目間の比較に適しています。棒の長さによって数値の大小を直感的に理解しやすいうえ、複数の項目を長く積み上げやすいため、複数の項目の合計を表す場合によく使用されます。

Power BI Desktopでは、項目を選択するだけで積み上げ縦棒グラフを作成することができます。

まずは、SECTION 27で保存した「男女別人口 - 時系列 - 都道府県別 .pbix」を開き、積み上げ縦棒グラフを作成します。グラフの基本的な作成方法はSECTION 27と同様です。

1 「ファイル」タブ→「レポートを開く」をクリックする

2 「レポートの参照」をクリックする

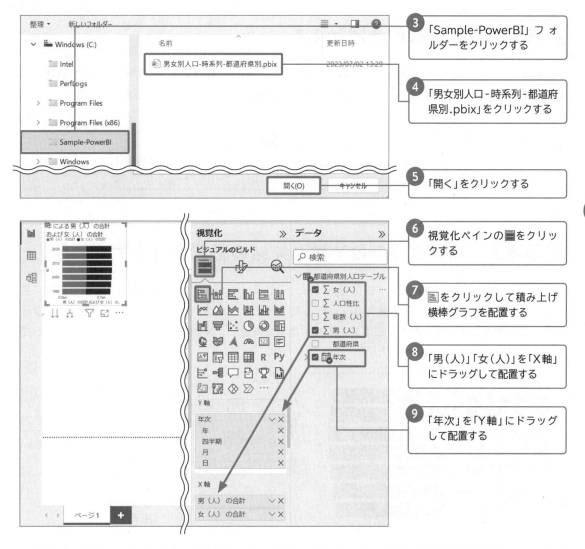

3 「Sample-PowerBI」フォルダーをクリックする

4 「男女別人口-時系列-都道府県別.pbix」をクリックする

5 「開く」をクリックする

6 視覚化ペインの▦をクリックする

7 ▣をクリックして積み上げ横棒グラフを配置する

8 「男（人）」「女（人）」を「X軸」にドラッグして配置する

9 「年次」を「Y軸」にドラッグして配置する

　Y軸が「年次」、X軸が「男（人）」と「女（人）」の積み上げ横棒グラフが作成されました。このように積み上げ横棒グラフでは、年ごとの男性と女性の人数と、両方を合計した総人数を同時に表すことができます。

　ここから、作成した積み上げ横棒グラフの書式を整え、さらに見やすく仕上げていきます。まず、グラフの四隅の▨をドラッグして、作業しやすいようにグラフのサイズを調整しておきましょう。

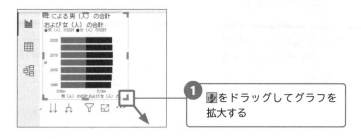

1 ▨をドラッグしてグラフを拡大する

日付の不要な階層を削除する

視覚化ペインの「Y軸」に配置した「年次」を見ると、「年」「四半期」「月」「日」という階層が自動で設定されています。今回は「年」だけ残し、それ以外は「×」をクリックして削除します。

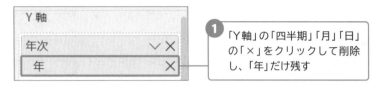

1 「Y軸」の「四半期」「月」「日」の「×」をクリックして削除し、「年」だけ残す

積み上げ横棒グラフのY軸とX軸の書式を設定する

グラフの書式設定は、視覚化ペインの🖋をクリックして「ビジュアルの書式設定」に切り替え、設定したい要素の書式を表示して設定します。ここでは、「ビジュアル」タブの「Y軸」の「値」の「フォント」でフォントサイズを大きくして見やすくします。同様に、X軸のフォントサイズも大きくして見やすくします。

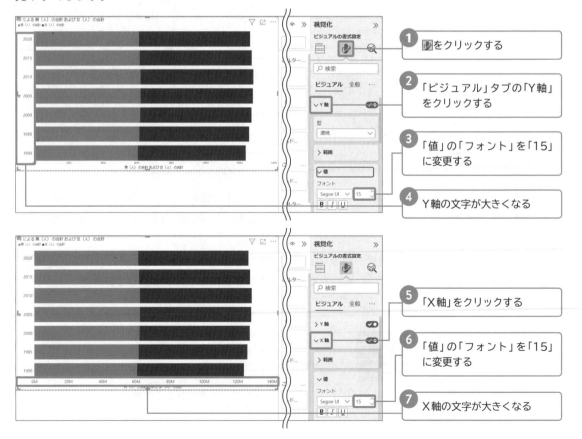

1 🖋をクリックする

2 「ビジュアル」タブの「Y軸」をクリックする

3 「値」の「フォント」を「15」に変更する

4 Y軸の文字が大きくなる

5 「X軸」をクリックする

6 「値」の「フォント」を「15」に変更する

7 X軸の文字が大きくなる

積み上げ横棒グラフの色を変更する

作成したグラフは、初期状態では、明るい青色の「男（人）」が左側、濃い青色の「女（人）」が右側になっています。積み上げ横棒グラフでは、積み上げ順が自動設定されますが、これを逆転させることができます。

それでは、「女（人）」を左側、「男（人）」を右側に逆転させましょう。視覚化ペインの「ビジュアル」タブの「バー」の「色」の「積み重ね順を反転させる」をオンにします。

① 「ビジュアル」タブの「バー」をクリックする

② 「色」の「積み重ね順を反転させる」の◯をクリックして積み重ね順を逆転させる

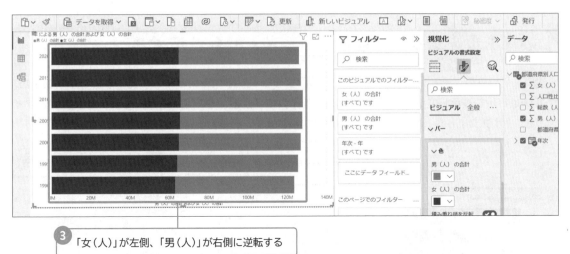

③ 「女（人）」が左側、「男（人）」が右側に逆転する

これで順番を逆転させることができました。どの順番で積み上げるのが適切かはデータの内容によって異なるため、一概には言えません。ただ、グラフは数値をわかりやすく可視化するためのものなので、見やすさに配慮して順番を決めることをおすすめします。

COLUMN
積み上げ縦棒グラフの場合も同様

積み上げ縦棒グラフでも、同じ操作で積み上げの順番を逆転させることができます。

「男（人）」「女（人）」の横棒の色も、それぞれ変えてみましょう。

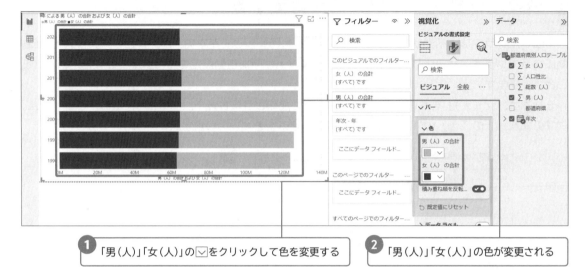

① 「男（人）」「女（人）」の☑をクリックして色を変更する

② 「男（人）」「女（人）」の色が変更される

タイトルを見やすくしてサブタイトルも表示する

　次に、グラフのタイトルのテキストを変更し、フォントサイズを大きくして見やすくします。また、サブタイトルも表示してみましょう。視覚化ペインで「全般」タブに切り替え、「タイトル」でタイトルを、「サブタイトル」でサブタイトルを設定します。

① 「全般」タブをクリックする

② 「タイトル」をクリックする

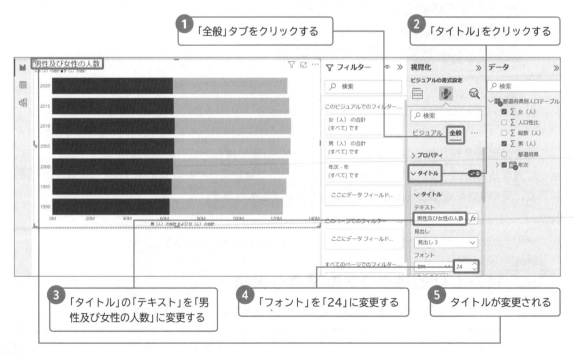

③ 「タイトル」の「テキスト」を「男性及び女性の人数」に変更する

④ 「フォント」を「24」に変更する

⑤ タイトルが変更される

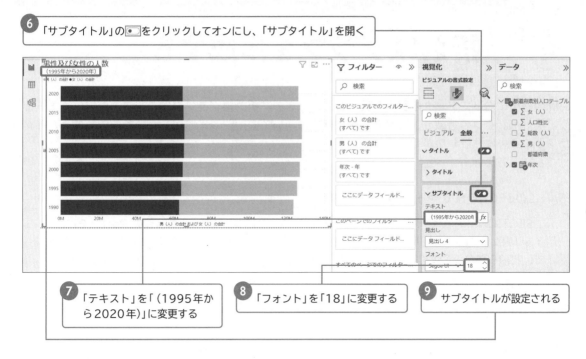

⑥ 「サブタイトル」の■をクリックしてオンにし、「サブタイトル」を開く

⑦ 「テキスト」を「（1995年から2020年）」に変更する

⑧ 「フォント」を「18」に変更する

⑨ サブタイトルが設定される

なお、「男（人）」「女（人）」のグラフの色を示す凡例がタイトルの下に表示されています。不要な場合は、視覚化ペインの「ビジュアル」タブの「凡例」をオフにして非表示にしましょう。

データの数値と合計値を表示する

最後に、グラフ内にデータの数値を表示し、「男（人）」「女（人）」の人数の合計値も表示します。視覚化ペインの「ビジュアル」タブの「データラベル」と「合計ラベル」をオンにします。

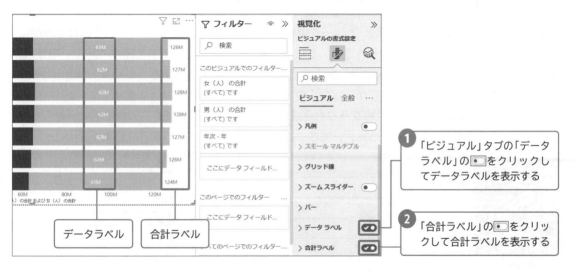

① 「ビジュアル」タブの「データラベル」の■をクリックしてデータラベルを表示する

② 「合計ラベル」の■をクリックして合計ラベルを表示する

折れ線グラフを作成する

時間の推移に沿ってデータの変化を表すことができる、折れ線グラフの作成方法を見ていきましょう。折れ線グラフの特徴と、効果的な仕上げ方についても解説します。これまで作成してきた棒グラフとの違いに注意しながら作成していきましょう。

このSECTIONでやること

SECTION 27で「Cドライブ」の「Sample-PowerBI」フォルダーに保存した、Power BIファイル「男女別人口 - 時系列 - 都道府県別 .pbix」を開きます。あらかじめ取得しているデータを使って、1995年から2020年の総人口と人口性比を、2つの軸で表す折れ線グラフを作成します。

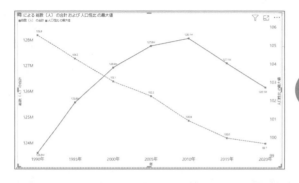

2つの軸を使った
折れ線グラフを作成する

2つの軸を使った折れ線グラフを作成する

折れ線グラフは、時間の推移に沿ってデータの変化を表すグラフです。年や月などの時間を横軸に、金額などのデータ量を縦軸に設定したうえ、データの数値を点で表し、それを直線で結んで視覚化します。データの増減は折れ線の傾きから読み取ることができます。線が右上がりなら増加（上昇）、反対に右肩下がりなら減少（下降）が示されるので、変化を把握したい場合に重宝します。

ここでは、2つの軸を使った折れ線グラフを作成しましょう。まずはSECTION 27で保存した「男女別人口 - 時系列 - 都道府県別 .pbix」を開き、これまでと同様にグラフを作成します。

① 「ファイル」タブ→「レポートを開く」をクリックする

② 「レポートの参照」をクリックする

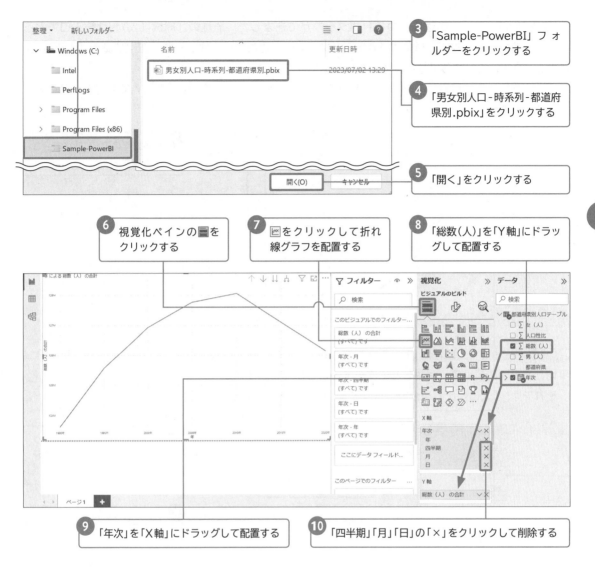

3 「Sample-PowerBI」フォルダーをクリックする

4 「男女別人口-時系列-都道府県別.pbix」をクリックする

5 「開く」をクリックする

6 視覚化ペインの■をクリックする

7 ■をクリックして折れ線グラフを配置する

8 「総数（人）」を「Y軸」にドラッグして配置する

9 「年次」を「X軸」にドラッグして配置する

10 「四半期」「月」「日」の「×」をクリックして削除する

単位が異なる系列は第2Y軸を使う

「人口性比」も追加しますが、「総数（人）」よりはるかに数値が小さいため、「Y軸」ではなく、「第2Y軸」に配置します。

1 「人口性比」を「第2Y軸」にドラッグして配置する

「総数（人）」と「人口性比」の折れ線グラフができました。Y軸の「総数（人）」は総人口であるため、数値の桁が大きく、単位は100万（M）で表示されています。一方、第2Y軸の「人口性比」は女性100人に対する男性の数ですから、単位は1です。

　このように、単位が異なるデータを1つのグラフで表示したい場合は、第2Y軸を使うと見やすく作成できます。

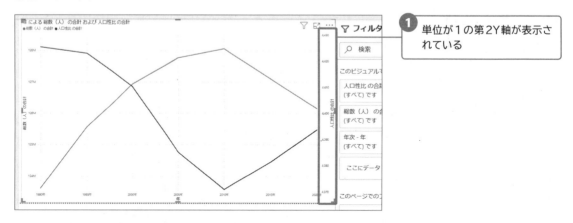

1 単位が1の第2Y軸が表示されている

　「総数（人）」と「人口性比」は、それぞれ合計でグラフが作成されています。集計方法は合計以外に、平均、最大値、最小値、個数などに変更することができます。

　それでは、「人口性比」を合計ではなく最大値に変更してみましょう。

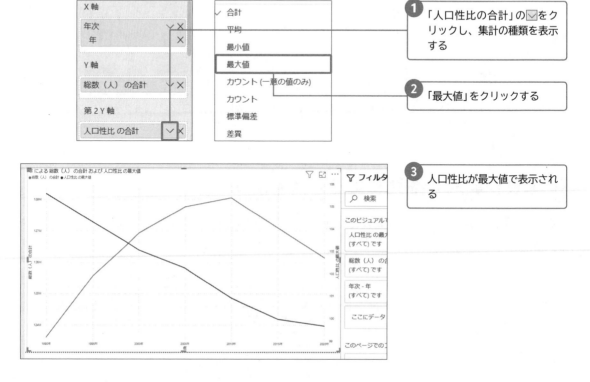

1 「人口性比の合計」の⌄をクリックし、集計の種類を表示する

2 「最大値」をクリックする

3 人口性比が最大値で表示される

Ｘ軸・Ｙ軸・第2Ｙ軸の書式を設定する

　ここからは、完成した折れ線グラフを見やすく仕上げていきます。まずそれぞれの軸のフォントサイズを変更して見やすくします。

　まず、Ｘ軸のフォントサイズを「15」に変更します。

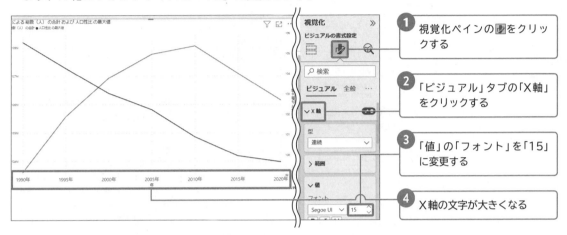

❶ 視覚化ペインの 📝 をクリックする

❷ 「ビジュアル」タブの「Ｘ軸」をクリックする

❸ 「値」の「フォント」を「15」に変更する

❹ Ｘ軸の文字が大きくなる

　続いて、Ｙ軸と第2Ｙ軸のフォントサイズも「15」に変更します。

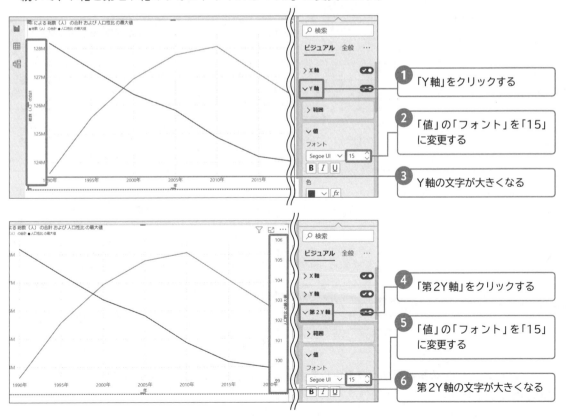

❶ 「Ｙ軸」をクリックする

❷ 「値」の「フォント」を「15」に変更する

❸ Ｙ軸の文字が大きくなる

❹ 「第2Ｙ軸」をクリックする

❺ 「値」の「フォント」を「15」に変更する

❻ 第2Ｙ軸の文字が大きくなる

折れ線の線種や色を変更する

　続いて、折れ線グラフの線種や色を設定しましょう。初期状態では線種は実線で、色は青系の濃淡です。ここでは、「人口性比」を破線に変更し、さらに線の色をオレンジ色に変更します。視覚化ペインの「ビジュアル」タブの「行」から設定します。

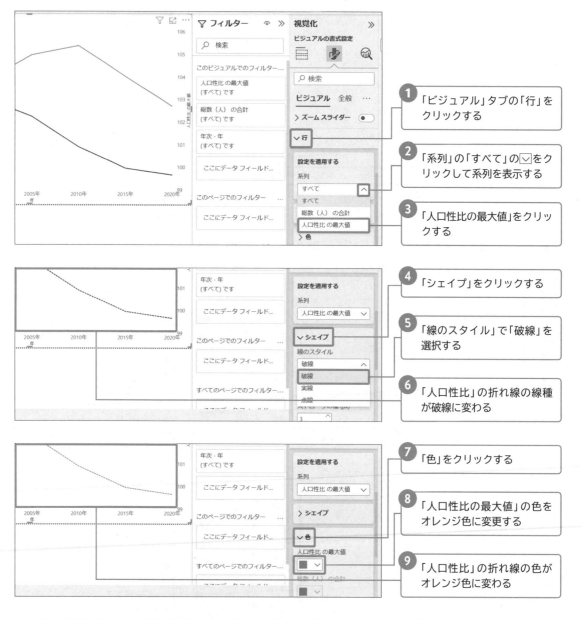

1　「ビジュアル」タブの「行」をクリックする

2　「系列」の「すべて」の▽をクリックして系列を表示する

3　「人口性比の最大値」をクリックする

4　「シェイプ」をクリックする

5　「線のスタイル」で「破線」を選択する

6　「人口性比」の折れ線の線種が破線に変わる

7　「色」をクリックする

8　「人口性比の最大値」の色をオレンジ色に変更する

9　「人口性比」の折れ線の色がオレンジ色に変わる

　なお、「総数（人）」の折れ線グラフの色も変更したい場合は、「系列」を「すべて」に戻したうえで、色の設定を変えます。

折れ線グラフをマーカー付きに変更する

マーカー付き折れ線グラフとは、各データポイントにマーカーが付いたものです。マーカーのない折れ線グラフより見やすく仕上げることができます。

それでは、マーカーの設定を変更しましょう。視覚化ペインの「ビジュアル」タブの「マーカー」から設定します。

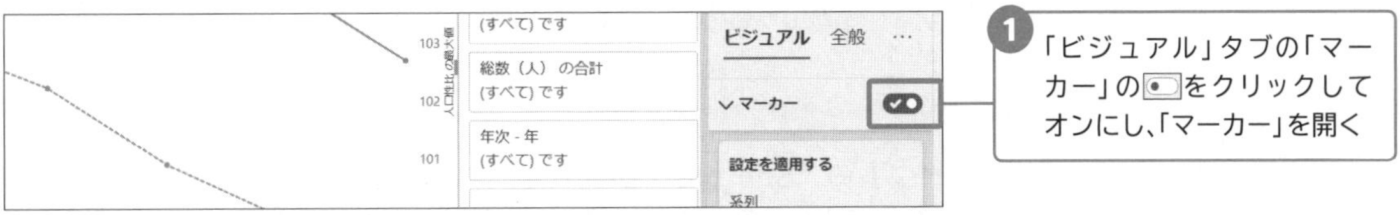
ビジュアル
全般
マーカー
設定を適用する
系列
総数（人）の合計
(すべて) です
年次 - 年
1 「ビジュアル」タブの「マーカー」の をクリックしてオンにし、「マーカー」を開く

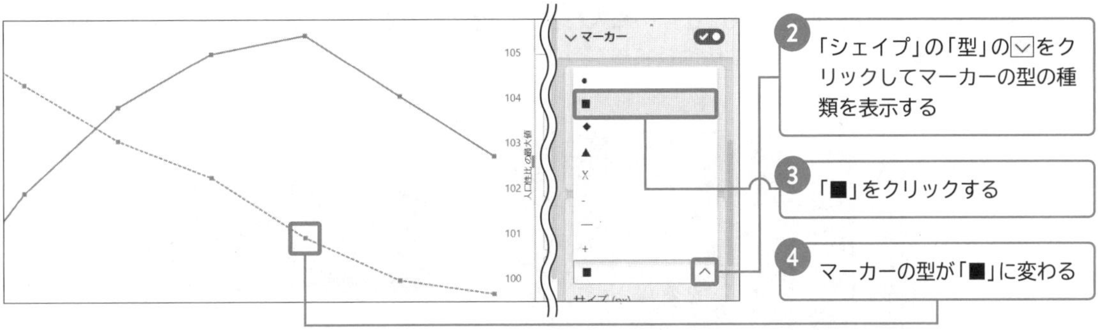
マーカー
2 「シェイプ」の「型」の をクリックしてマーカーの型の種類を表示する
3 「■」をクリックする
4 マーカーの型が「■」に変わる

データラベルを表示する

棒グラフと同様、折れ線グラフでもグラフ内に各データポイントの数値をデータラベルとして表示することができます。各数値を表示することで、データの増減をより明確に表すことができます。

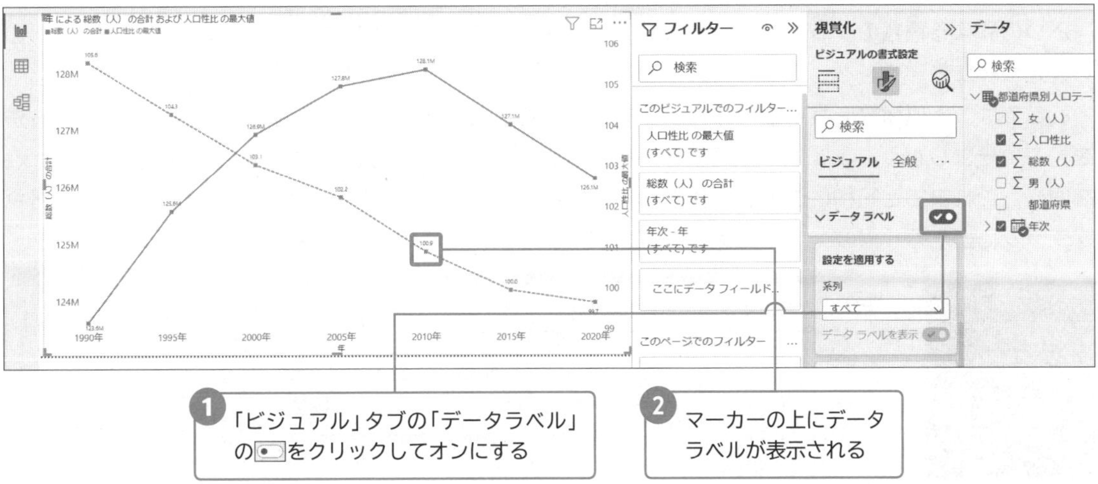
フィルター
検索
このビジュアルでのフィルター…
人口性比 の最大値
(すべて) です
総数（人）の合計
(すべて) です
年次 - 年
ここにデータ フィールド…
このページでのフィルター
視覚化
ビジュアルの書式設定
ビジュアル
全般
データ ラベル
設定を適用する
系列
すべて
データ ラベルを表示
データ
都道府県別人口テー…
女（人）
人口性比
総数（人）
男（人）
都道府県
年次
1990年
1995年
2000年
2005年
2010年
2015年
2020年
1 「ビジュアル」タブの「データラベル」の をクリックしてオンにする
2 マーカーの上にデータラベルが表示される

SECTION 30 縦棒グラフと折れ線グラフをあわせて作成する

1種類のグラフだけでなく、2つの異なる種類のグラフを組み合わせた複合グラフを作成することもできます。ここでは、集合縦棒グラフと折れ線グラフを組み合わせた複合グラフを作ってみましょう。2つのグラフを見やすくする書式設定についても解説します。

このSECTIONでやること

SECTION 27で「Cドライブ」の「Sample-PowerBI」フォルダーに保存した、Power BIファイル「男女別人口 - 時系列 - 都道府県別 .pbix」を開きます。あらかじめ取得しているデータを使って、1995年から2020年の総人口と人口性比を表す複合グラフを作成します。人口総数は集合縦棒グラフ、人口性比は折れ線グラフで表現します。

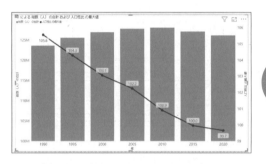

集合縦棒グラフと
折れ線グラフで
複合グラフを作成する

複合グラフを作成する

2つの異なる種類のグラフを組み合わせて作る複合グラフは、量と割合など、単位の異なる情報の可視化に役立ちます。

ここでは、人口総数を表す集合縦棒グラフと人口性比を表す折れ線グラフを組み合わせて作る方法を見ていきましょう。まずはSECTION 27で保存した「男女別人口 - 時系列 - 都道府県別 .pbix」を開き、これまでと同様にグラフを作成します。ただし、縦棒グラフに当たる「列のY軸」と、折れ線グラフに当たる「線のY軸」を区別して、データペインからフィールドを配置してください。

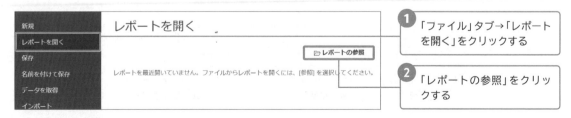

1 「ファイル」タブ→「レポートを開く」をクリックする

2 「レポートの参照」をクリックする

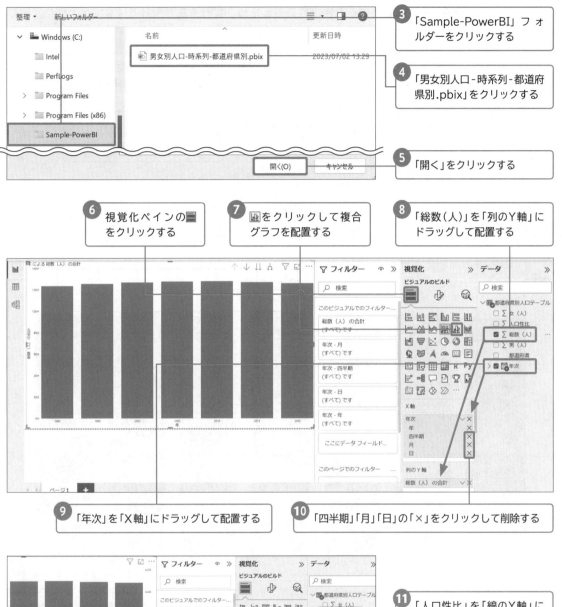

③ 「Sample-PowerBI」フォルダーをクリックする

④ 「男女別人口-時系列-都道府県別.pbix」をクリックする

⑤ 「開く」をクリックする

⑥ 視覚化ペインの▦をクリックする

⑦ ⤵をクリックして複合グラフを配置する

⑧ 「総数(人)」を「列のY軸」にドラッグして配置する

⑨ 「年次」を「X軸」にドラッグして配置する

⑩ 「四半期」「月」「日」の「×」をクリックして削除する

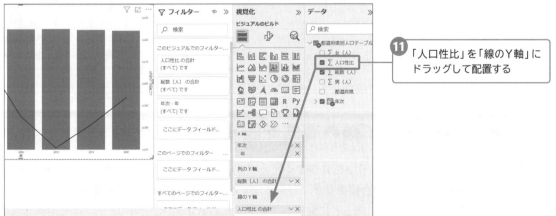

⑪ 「人口性比」を「線のY軸」にドラッグして配置する

「人口性比」は女性 100 人に対する男性の数であるため、集計方法を合計ではなく最大値に変更します。

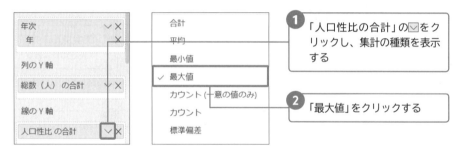

① 「人口性比の合計」の◻をクリックし、集計の種類を表示する

② 「最大値」をクリックする

「総数（人）」を表す集合縦棒グラフと、「人口性比」を表す折れ線グラフができました。集合縦棒グラフの軸はグラフの Y 軸として左側に、折れ線グラフの軸は第 2Y 軸として右側に表示されます。

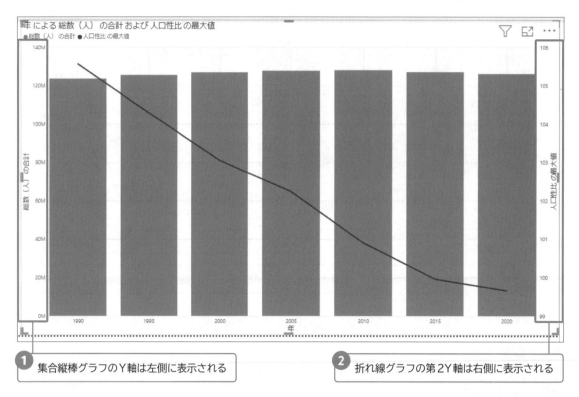

① 集合縦棒グラフのY軸は左側に表示される

② 折れ線グラフの第2Y軸は右側に表示される

X軸・Y軸・第2Y軸の書式を設定する

ここからは、完成した 2 つのグラフを見やすく仕上げていきます。それぞれの軸のフォントサイズを変更して見やすくし、さらに集合縦棒グラフが見やすくなるよう Y 軸の最小値も変更しましょう。

まず、X 軸のフォントサイズを「15」に変更して見やすくします。

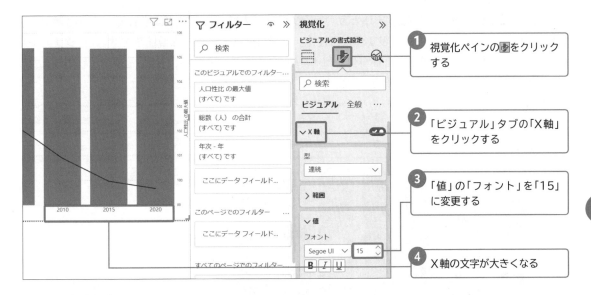

① 視覚化ペインの🖊をクリック する

② 「ビジュアル」タブの「X軸」 をクリックする

③ 「値」の「フォント」を「15」 に変更する

④ X軸の文字が大きくなる

　続いて、Y軸の最小値を変更します。この集合縦棒グラフは5年ごとの人口を可視化していますが、数字の大きな変化がないため、縦棒の高さがほぼ同じに見えてしまい、違いがわかりづらいグラフになっています。

　そこで、「ビジュアル」タブの「Y軸」の「範囲」の「最小値」を「100000000」（100M）に変更しましょう。あわせてフォントサイズも「15」に変更します。

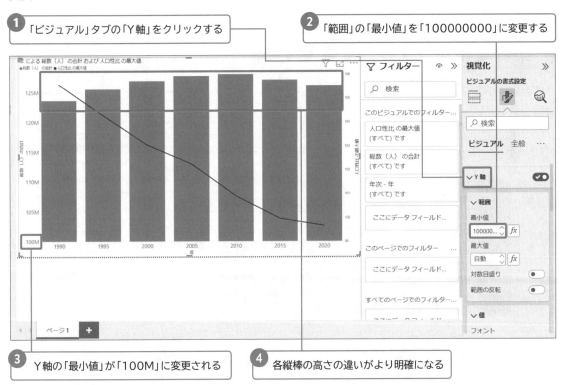

① 「ビジュアル」タブの「Y軸」をクリックする

② 「範囲」の「最小値」を「100000000」に変更する

③ Y軸の「最小値」が「100M」に変更される

④ 各縦棒の高さの違いがより明確になる

次に、第2Y軸の設定も確認しましょう。第2Y軸は「人口性比」を表す折れ線グラフの軸です。女性100人に対する男性の数を表す「人口性比」の最小値は、ここでは99.7です。「ビジュアル」タブの「第2Y軸」の「範囲」の「最小値」が「自動」になっているため、「99」と表示されています。「最小値」に数値を入力することで自由に変更できます。「最大値」も同様です。

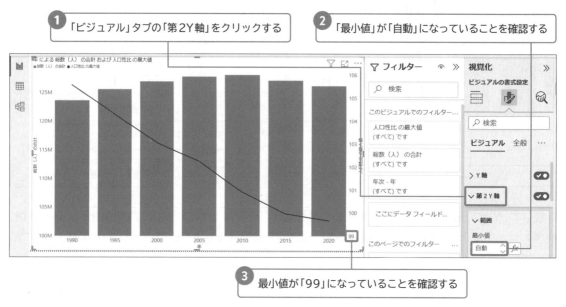

集合縦棒グラフの色を変更する

集合縦棒グラフの色を変更しましょう。「ビジュアル」タブの「列」の書式設定を表示し、「色」で縦棒の色をオレンジ色に変更します。

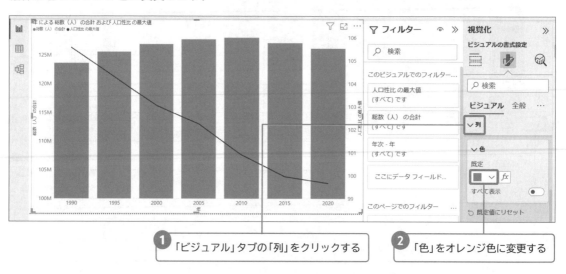

折れ線グラフをマーカー付きに変更する

次に、「ビジュアル」タブの「行」から、折れ線グラフを設定しましょう。各データポイントにマーカーを表示したり、線種や太さを設定したりすることができます。

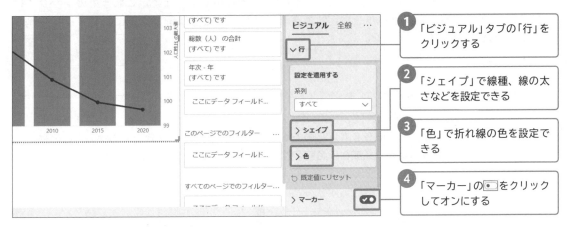

① 「ビジュアル」タブの「行」をクリックする

② 「シェイプ」で線種、線の太さなどを設定できる

③ 「色」で折れ線の色を設定できる

④ 「マーカー」の ⚫ をクリックしてオンにする

データラベルを表示する

集合縦棒グラフと折れ線グラフには、各データの数値をデータラベルとして表示することができます。どちらか一方だけデータラベルを表示することもできます。ここでは、折れ線グラフのデータラベルのみ表示します。そのためには、「ビジュアル」タブの「データラベル」をオンにしたうえ、集合縦棒グラフのみ「データラベルを表示」をオフにします。

① 「ビジュアル」タブの「データラベル」の ⚫ をクリックしてオンにし、「データラベル」を開く

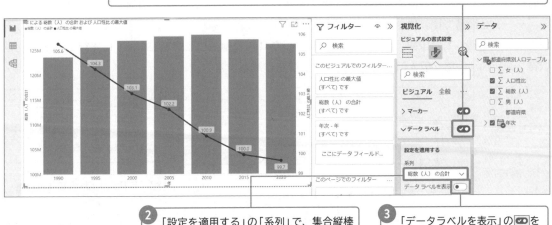

② 「設定を適用する」の「系列」で、集合縦棒グラフの「総数（人）の合計」を選択する

③ 「データラベルを表示」の ⚫ をクリックしてオフにする

面グラフを作成する

塗りつぶした面積の大小で項目の比較ができる面グラフを作成しましょう。これまでのグラフでは
SECTION 27 で作成したファイルを流用してきましたが、ここでは新しく Excel ブックに接続し
て、積み上げ面グラフを作成します。

このSECTIONでやること

あらかじめ「C ドライブ」の「Sample-PowerBI」フォルダーに、Excel ブック「年代別
人口 - 令和 .xlsx」を入れておきます。この Excel ブックに接続し、年代別に男女の人口の積
み上げ面グラフを作成します。完成後に名前を付けて PBIX ファイルを保存します。

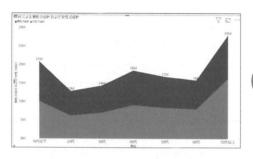

積み上げ面グラフを
作成する

積み上げ面グラフを作成する

面グラフは、複数の項目の数値を折れ線グラフで表示したうえ、X 軸との間を色で塗りつぶすこと
で、データを面積で比較できるグラフです。面グラフは項目間の大小を比較するよりも、データの傾
向を表すのに適しています。まずは、Excel ブック「年代別人口 - 令和 .xlsx」に接続してデータを
取得し、年代別の男女の人口の積み上げ面グラフを作成します。

1 「ホーム」タブの「Excel ブッ
ク」をクリックし、「Sample-
PowerBI」フォルダーをク
リックする

2 「年代別人口-令和.xlsx」を
クリックする

3 「開く」をクリックする

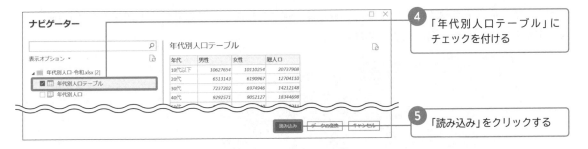

視覚化ペインのビジュアル一覧から⌘を選択して、積み上げ面グラフを作成します。データペインのフィールド一覧から「年代」を「X軸」に、「男性」「女性」を「Y軸」にドラッグして配置します。

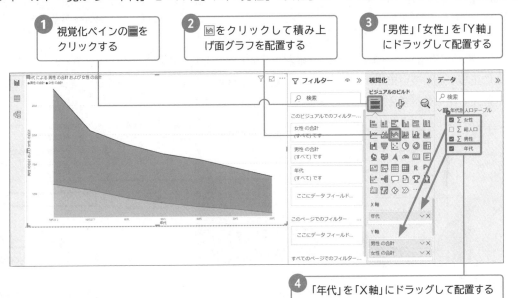

X軸とY軸の書式を設定する

X軸の書式設定を開き、フォントサイズを変更して見やすくします。

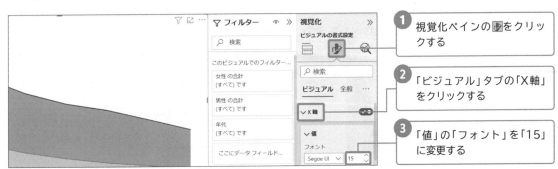

次に、Y軸の書式を確認しましょう。Y軸の最小値は自動になっており、1千万を表す「10M」になっていますが、数値を自由に設定できます。

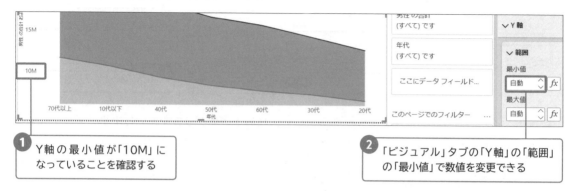

❶ Y軸の最小値が「10M」になっていることを確認する

❷ 「ビジュアル」タブの「Y軸」の「範囲」の「最小値」で数値を変更できる

続いて、X軸に注目してみましょう。一番左が「70代以上」、その次が「10代以下」となっており、年代順に正しく並んでいません。グラフ右上の…をクリックして「その他のオプション」を開き、「軸の並べ替え」から並べ替えを行って、X軸を正しく設定します。

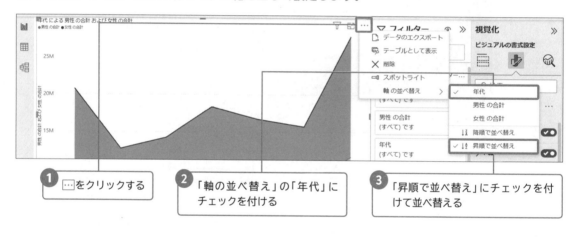

❶ …をクリックする

❷ 「軸の並べ替え」の「年代」にチェックを付ける

❸ 「昇順で並べ替え」にチェックを付けて並べ替える

面グラフの塗りつぶしの色を変更する

面グラフの色は、視覚化ペインの「ビジュアル」タブの「行」の書式設定を表示し、「色」からそれぞれ変更できます。ここでは「女性」を赤色、「男性」を紺色に変更します。

❶ 「ビジュアル」タブの「行」をクリックする

❷ 「色」の「女性の合計」を赤色、「男性の合計」を紺色に変更する

グラフ内の2つの要素を上下逆転させたい場合は、「行」の「色」の「積み重ね順を反転する」を
オンにします。「女性」の上に「男性」のグラフが積み重ねられます。

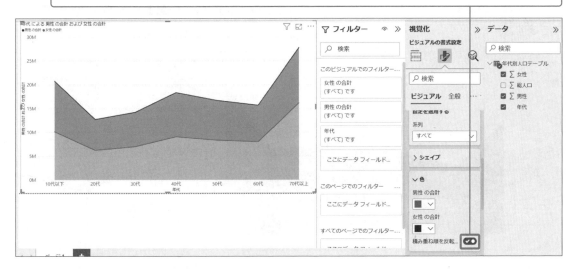

❶ 「行」の「色」の「積み重ね順を反転する」の ⬤ をクリックしてオンにし、「男性」と「女性」を上下逆転させる

　また、「行」の「網掛け領域」の「領域の透過性」で、透過性のパーセンテージを変えて色の濃さ
を変更することができます。標準では「領域の透過性」が「60」になっています。これを「20」に
変更し、それぞれの色を濃くしましょう。

❶ 「行」の「網掛け領域」の「領域
の透過性」は、初期状態では
「60」になっている

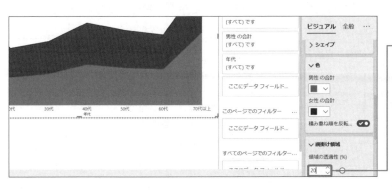

❷ 「領域の透過性」を「20」に変
更して、面グラフの色を濃く
する

▶ POINT

スライダーをドラッグして変
更することもできます。

データラベルと合計ラベルを表示する

　視覚化ペインの「ビジュアル」タブの「データラベル」をオンにし、データラベルを表示しましょう。データラベルの表示位置は、「データラベル」の「オプション」で、「内側上」「内側中央」から選択できます。

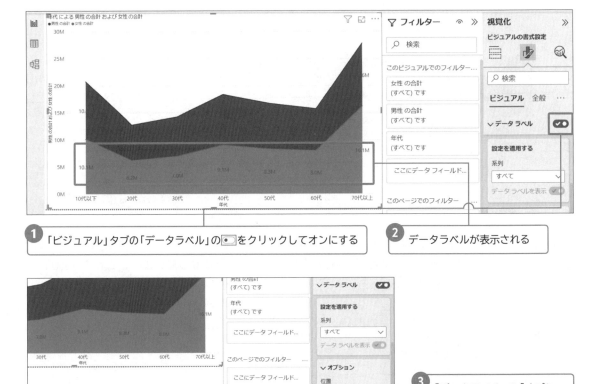

① 「ビジュアル」タブの「データラベル」の ●をクリックしてオンにする

② データラベルが表示される

③ 「データラベル」の「オプション」の「位置」で「内側上」か「内側中央」を選択できる

　データラベルの文字が見づらい場合は、「データラベル」の「値」の「色」で色を変更すると見やすくなります。ただし、グラフの両端では文字の一部がグラフ外にかかる場合もあり、白色にすると見えなくなることに注意しましょう。

① 「データラベル」の「値」の「色」を薄い灰色に変更する

② グラフ内のラベルは見やすいが、右端のラベルは少し見づらい

データラベルとは別に、合計ラベルだけ表示することもできます。その場合は、視覚化ペインの「ビジュアル」タブの「合計ラベル」の ⬤ をクリックしてオンにし、合計ラベルを表示しましょう。

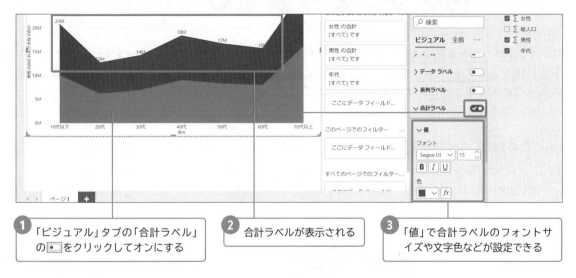

① 「ビジュアル」タブの「合計ラベル」の ⬤ をクリックしてオンにする

② 合計ラベルが表示される

③ 「値」で合計ラベルのフォントサイズや文字色などが設定できる

名前を付けて保存する

積み上げ面グラフが完成しました。「Sample-PowerBI」フォルダーに名前を付けて保存しておきましょう。次の SECTION 32 で作成する円グラフは、このファイルにページを追加して作成します。

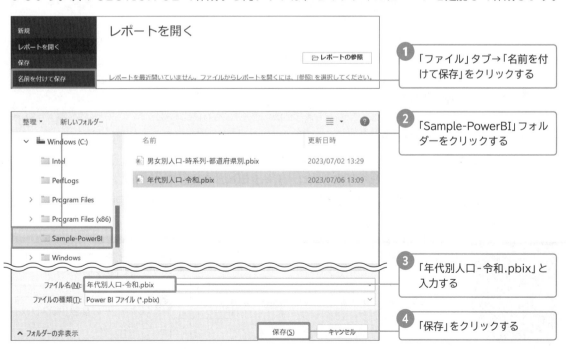

① 「ファイル」タブ→「名前を付けて保存」をクリックする

② 「Sample-PowerBI」フォルダーをクリックする

③ 「年代別人口-令和.pbix」と入力する

④ 「保存」をクリックする

SECTION
32

円グラフを作成する

続いて、項目の割合を示すのに効果的な円グラフを作成しましょう。Power BI Desktop でレポートを作成すると、データラベルの設定を変えるだけで、割合をパーセンテージで表示できるため、スムーズに円グラフを作成することができます。

このSECTIONでやること

SECTION 31 で「C ドライブ」の「Sample-PowerBI」フォルダーに保存した、Power BI ファイル「年代別人口 - 令和 .pbix」を開きます。これに新たにページを追加し、年代別の人口の円グラフを作成します。

円グラフを作成する

円グラフは項目の構成要素の割合を示すのに適したグラフです。円グラフの各項目の割合はパーセンテージで表示するものですが、事前に総計に対する構成比を計算しておく必要はありません。Power BI Desktop でレポートを作成すれば、データラベルの設定で、簡単に数値をパーセンテージの表示にすることができるからです。まずは SECTION 31 で保存した「年代別人口 - 令和 .pbix」を開き、新しくページを追加して、円グラフを作成しましょう。

① 「ファイル」タブ→「レポートを開く」をクリックする

② 「レポートの参照」をクリックする

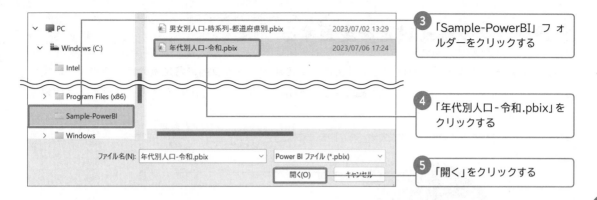

③「Sample-PowerBI」フォルダーをクリックする

④「年代別人口-令和.pbix」をクリックする

⑤「開く」をクリックする

　画面左下の「ページ1」の右にある ![＋] をクリックしてページを追加します。追加されたページは「ページ2」という仮の名前が付けられるため、右クリックして「ページの名前変更」をクリックし、ページ名を「円グラフ」に変更しましょう。

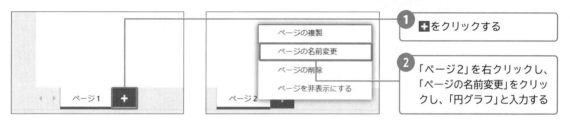

① ![＋] をクリックする

②「ページ2」を右クリックし、「ページの名前変更」をクリックし、「円グラフ」と入力する

　それでは「円グラフ」ページで円グラフを作っていきましょう。視覚化ペインのビジュアル一覧から ![円グラフ] をクリックしてキャンバスに配置します。データペインのフィールド一覧から「年代」を「凡例」に、「総人口」を「値」にドラッグして配置します。

① 視覚化ペインの ![■] をクリックしてオンにする

② ![円グラフ] をクリックして円グラフを配置する

③「総人口」を「値」にドラッグして配置する

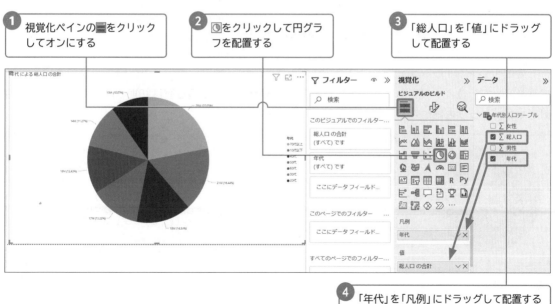

④「年代」を「凡例」にドラッグして配置する

円グラフの書式設定を変更する

作成された円グラフの書式を設定して仕上げていきます。グラフ内の各凡例の色を変更したい場合は、視覚化ペインの「ビジュアルの書式設定」を表示し、「ビジュアル」タブの「スライス」の書式設定を開きます。

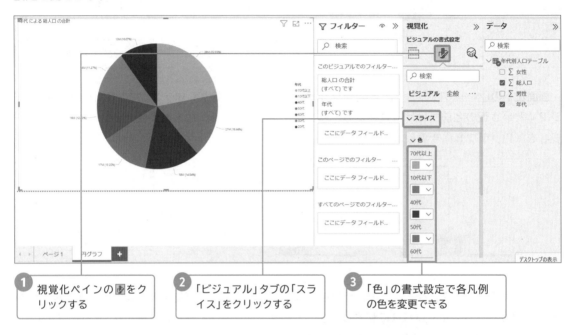

① 視覚化ペインの🖌をクリックする

② 「ビジュアル」タブの「スライス」をクリックする

③ 「色」の書式設定で各凡例の色を変更できる

円グラフの詳細ラベルを変更する

視覚化ペインの「ビジュアル」タブの「詳細ラベル」の「オプション」で、円グラフの各項目の詳細ラベルの表示位置や表示内容を設定できます。詳細ラベルの表示位置は初期状態では円グラフの外側ですが、グラフ内側に変更しましょう。

① 「詳細ラベル」の「オプション」をクリックする

② 「位置」の☑をクリックする

③ 「内側」をクリックする

④ 円グラフの内側に詳細ラベルが表示される

詳細ラベルの表示内容は、「詳細ラベル」の「オプション」の「ラベルの内容」で選ぶことができます。ここでは「カテゴリ、全体に対する割合」を選択し、グラフ内側に表示します。

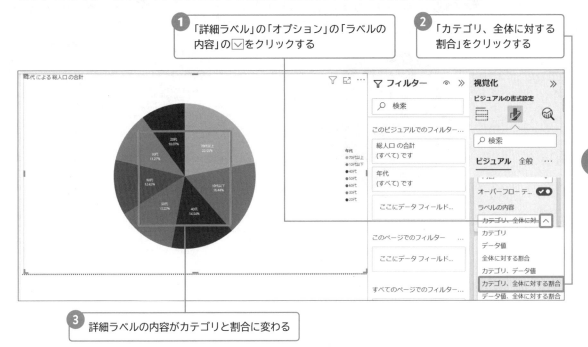

グラフ内の詳細ラベルの文字が少し小さいので、「詳細ラベル」の「値」からフォントサイズを変更して見やすくしてみましょう。なお、フォントサイズを「15」に変更すると、詳細ラベルに背景色が自動で設定されます。

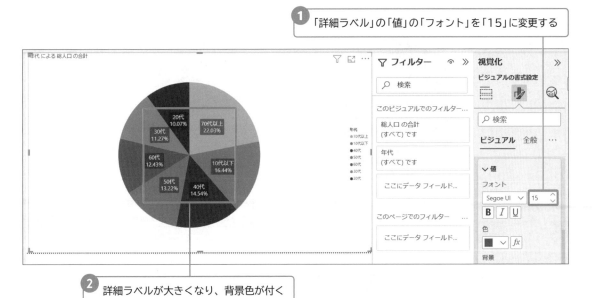

詳細ラベルの背景色が不要な場合は、「詳細ラベル」の「値」の「背景」を「オフ」にします。

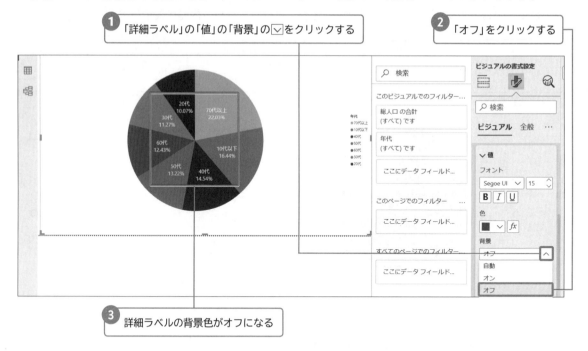

①「詳細ラベル」の「値」の「背景」の☑をクリックする

②「オフ」をクリックする

③ 詳細ラベルの背景色がオフになる

詳細ラベル内のパーセンテージは小数点第2位まで表示されています。小数点以下を表示しないように変更したい場合は、「詳細ラベル」の「値」の「パーセンテージの小数点以下の桁数」を「0」にします。

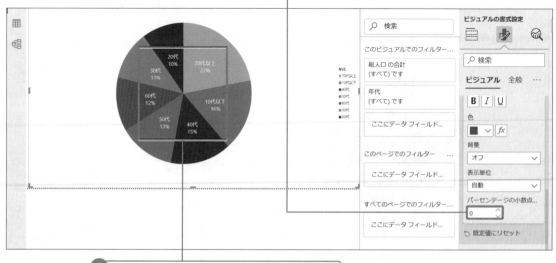

①「詳細ラベル」の「値」の「パーセンテージの小数点以下の桁数」を「0」にする

② パーセンテージの小数点以下が表示されなくなる

詳細ラベル内にカテゴリとして年代を表示したので、視覚化ペインの「ビジュアル」タブの「凡例」をオフにして、凡例を非表示にしましょう。

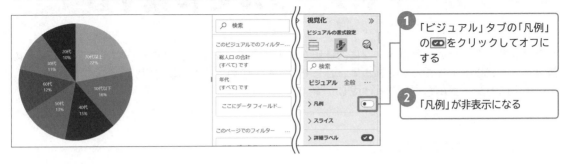

円グラフの回転の傾きを調整する

円グラフの傾きを調整したい場合は、視覚化ペインの「ビジュアル」タブの「回転」で角度を変更します。

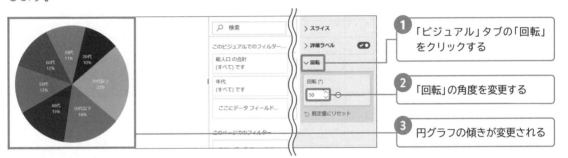

ファイルを上書きする

年代別の人口の円グラフが完成しました。次の SECTION 33 では、さらにページを追加して利用するため、最後にこのファイルを上書き保存しておきましょう。このように、同じデータで別の種類のレポートを作成するときは、ページを分けて作成すればスムーズです。

SECTION 33 カードやテーブルを作成する

グラフ以外にも、レポートのページに合計値を表示するカードや表形式のテーブルで、各データの数値をレイアウトすることができます。ここでは、総人口のカード、年代別男女の人口の行カード、年代別人口のテーブルをそれぞれ作成します。

このSECTIONでやること

SECTION 32 で「C ドライブ」の「Sample-PowerBI」フォルダーに上書き保存した、Power BI ファイル「年代別人口 - 令和 .pbix」を開きます。新たにページを追加し、カードと行カード、表形式のテーブルを作成します。カードでは令和 2 年の総人口を表示し、行カードでは年代別の男女の人口をまとめ、テーブルでは年代別の人口をまとめます。

カードを作成する

カードには 1 つの数値を大きく表示することができ、項目の合計値を表示する際に多く利用されます。行カードもカードの一種ですが、複数の数値を表示できるものです。また、テーブルは各項目の数値を表形式で表示する際に多く利用されます。

まずは SECTION 32 で上書き保存した「年代別人口 - 令和 .pbix」を開き、新しくページを追加して、令和 2 年の総人口を表すカードから作成します。

① 「ファイル」タブ→「レポートを開く」をクリックする

② 「レポートの参照」をクリックする

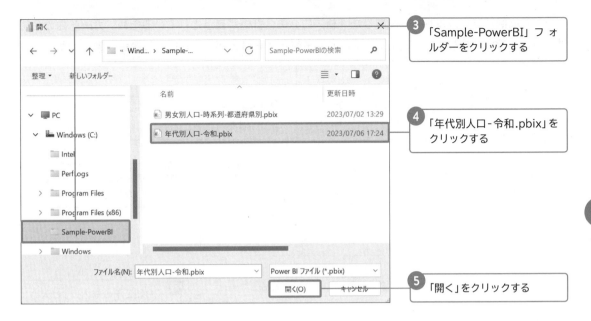

3　「Sample-PowerBI」フォルダーをクリックする

4　「年代別人口-令和.pbix」をクリックする

5　「開く」をクリックする

　画面左下の「円グラフ」の右にある■をクリックしてページを追加します。追加されたページは「ページ2」という仮の名前が付けられるため、右クリックして「ページの名前変更」をクリックし、ページ名を「カード」に変更しましょう。

1　ページを追加し、ページの名前を「カード」に変更する

　それでは「カード」ページにカードから追加しましょう。視覚化ペインのビジュアル一覧から■をクリックしてキャンバスに配置します。データペインのフィールド一覧から「総人口」を「フィールド」にドラッグして配置します。

1　視覚化ペインの■をクリックする

2　■をクリックしてカードを配置する

3　「総人口」を「フィールド」にドラッグして配置する

カードには「フィールド」に配置した「総人口」の合計値が表示されているため、カード内の名前は「総人口の合計」となっています。そこで、名前を「令和2年の総人口」に変更しましょう。

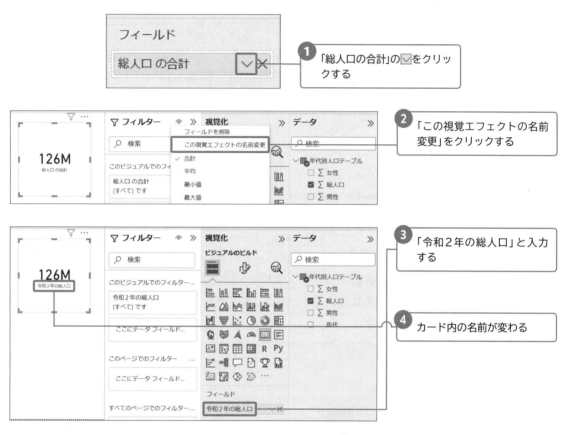

続いて、視覚化ペインを「ビジュアルの書式設定」に切り替え、「ビジュアル」タブの「吹き出しの値」で、吹き出しの書式を変更します。太字を設定したうえ、フォント色を赤色に設定して目立たせます。

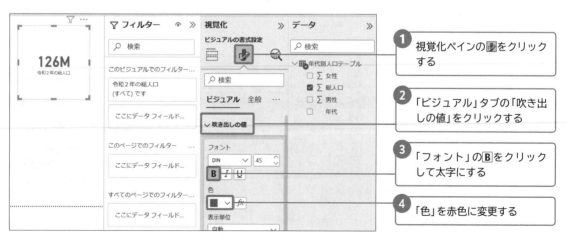

続いて、「ビジュアル」タブの「カテゴリラベル」でカテゴリラベルの書式も変更し、「令和2年の総人口」をタイトルのように表示しましょう。

行カードを追加する

次に、年代別の男性人口と女性人口の数値をまとめた行カードを配置します。キャンバスの空白箇所を選択したうえで、視覚化ペインのビジュアル一覧から 🖿 をクリックして行カードを配置します。

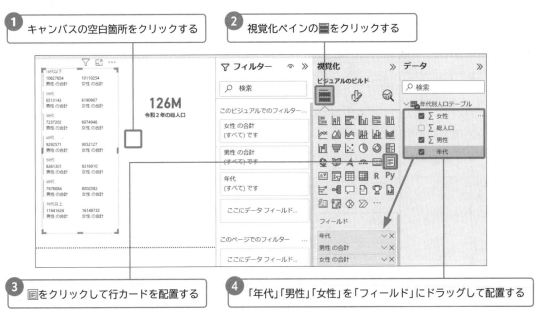

各数値のフォントサイズを「15」に変更して見やすくします。また、数値の下に表示されている「男性の合計」「女性の合計」は繰り返し表示されて見づらいため、「カテゴリラベル」をオフにして非表示にします。

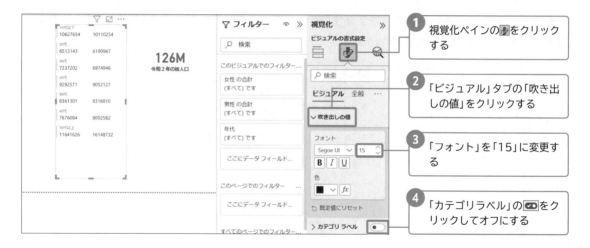

1 視覚化ペインの📝をクリックする

2 「ビジュアル」タブの「吹き出しの値」をクリックする

3 「フォント」を「15」に変更する

4 「カテゴリラベル」の⚪をクリックしてオフにする

レポート内やカード・テーブルなどに配置した数値は、カンマ区切りを付けて表示します。このカンマ区切りは配置したグラフやカード・テーブルの書式設定では設定できません。

画面左側の▦をクリックしてデータビューを表示し、⑨をクリックしてカンマ区切りを設定します。

1 ▦をクリックしてデータビューに切り替える

2 列名の「男性」をクリックする

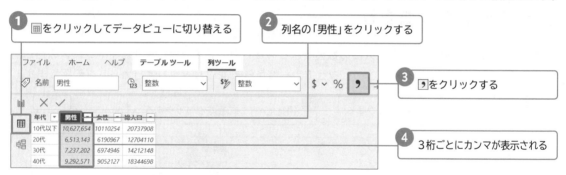

3 ⑨をクリックする

4 3桁ごとにカンマが表示される

同様に、「女性」「総人口」にもカンマ区切りを設定しておきましょう。

続いて、画面左側の📊をクリックしてレポートビューに戻り、視覚化ペインの「ビジュアル」タブの「カード」で、行カード内の年代の書式を設定します。

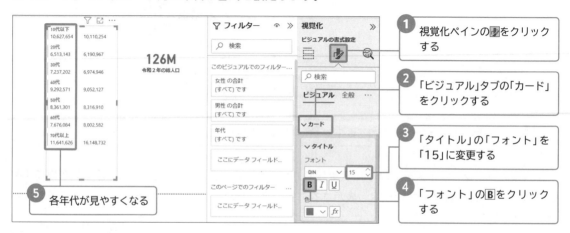

1 視覚化ペインの📝をクリックする

2 「ビジュアル」タブの「カード」をクリックする

3 「タイトル」の「フォント」を「15」に変更する

4 「フォント」の🅱をクリックする

5 各年代が見やすくなる

最後に、「全般」タブの「タイトル」でタイトルを設定します。

① 「全般」タブをクリックする

② 「タイトル」の ⬤ をクリックしてオンにする

③ 「タイトル」の「テキスト」に「年代別男女別人口」と入力する

④ 「フォント」を「18」に変更する

⑥ タイトルが表示される

⑤ 「タイトル」の「横方向の配置」の ☰ をクリックし、「区切り線」の ⬤ をクリックしてオンにする

テーブルを追加する

レポートに表を追加したい場合は、テーブルを配置します。ここでは、年代別の人口をまとめた表を作成します。

キャンバスの空白箇所を選択したうえで、視覚化ペインのビジュアル一覧から ▦ をクリックしてテーブルを配置します。

① キャンバスの空白箇所をクリックする

② 視覚化ペインの ▦ をクリックする

③ ▦ をクリックしてテーブルを配置する

④ 「年代」を「列」にドラッグして配置する

⑤ 「総人口」を「列」にドラッグして配置する

視覚化ペインの「ビジュアルの書式設定」を表示し、「ビジュアル」タブの「列見出し」で、列見出しのフォントサイズを変更して見やすくしてみましょう。

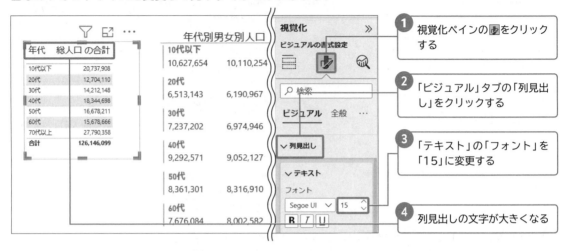

① 視覚化ペインの[2]をクリックする

② 「ビジュアル」タブの「列見出し」をクリックする

③ 「テキスト」の「フォント」を「15」に変更する

④ 列見出しの文字が大きくなる

次に、「ビジュアル」タブの「値」からフォントサイズを変更し、テーブル内の文字を見やすくします。

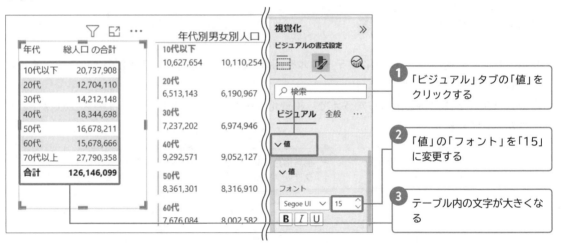

① 「ビジュアル」タブの「値」をクリックする

② 「値」の「フォント」を「15」に変更する

③ テーブル内の文字が大きくなる

左のように、テーブルの行は隔行で背景色が設定されています。この背景色をなくして白色で統一したい場合は、「ビジュアル」タブの「値」から、「値」の「代替の背景色」を白色に変更します。

年代別男女別人口

年代	総人口 の合計
10代以下	20,737,908
20代	12,704,110
30代	14,212,148
40代	18,344,698
50代	16,678,211
60代	15,678,666
70代以上	27,790,358
合計	126,146,099

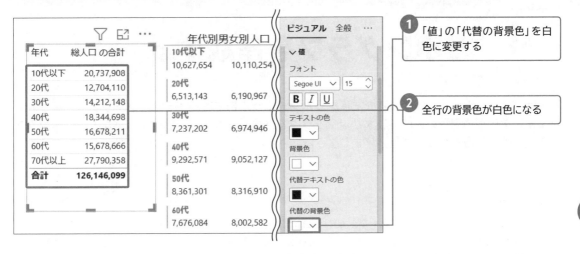

最後に、「全般」タブの「タイトル」でタイトルを設定します。

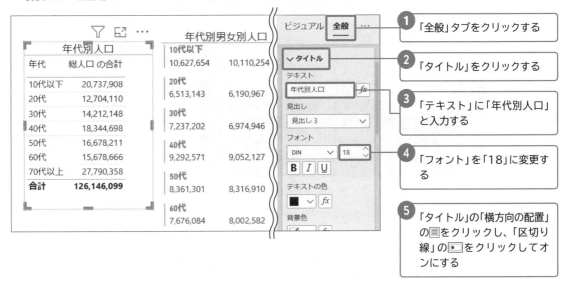

　Power BI Desktop には、この SECTION で紹介した 2 種類のカードとテーブルのほかに、「マトリックス」という集計表が用意されています。マトリックスは、行と列にあるそれぞれの数値を表したいときに便利です。どのビジュアルを使うか、用途に応じて決めましょう。

ファイルを上書きする

　最後に、「ファイル」タブの「保存」をクリックし、ファイルを上書き保存しておきましょう。次の SECTION 34 では、さらにページを追加して作成します。

リボングラフを作成する

Power BI Desktop には、数値の推移をリボンのような帯で表現するリボングラフも用意されています。年代別の男女の人口を表すリボングラフを作成しましょう。Y 軸がないなど、リボングラフならではの特徴も踏まえて仕上げましょう。

このSECTIONでやること

SECTION 33 で「C ドライブ」の「Sample-PowerBI」フォルダーに上書き保存した、Power BI ファイル「年代別人口 - 令和 .pbix」を開きます。新たにページを追加し、年代別の男女の人口を表すリボングラフを作成して、人口の変化を表現します。

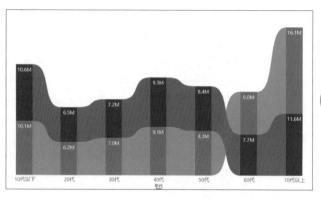

リボングラフを
作成する

リボングラフを作成する

リボングラフは数値の推移をリボンのような帯で表現するグラフで、時間経過とともに数値の変化を視覚的に表すのに適しています。各項目で一番高い数値が一番上に表示されるため、数値の比較のしやすさに優れています。

まずは SECTION 33 で上書き保存した「年代別人口 - 令和 .pbix」を開き、新しくページを追加して、年代別の男女の人口を表すリボングラフを作成しましょう。

① 「ファイル」タブ→「レポートを開く」をクリックする

② 「レポートの参照」をクリックする

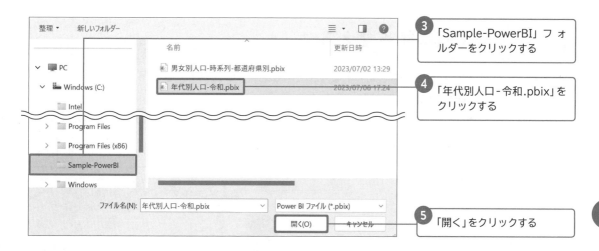

③ 「Sample-PowerBI」フォルダーをクリックする

④ 「年代別人口-令和.pbix」をクリックする

⑤ 「開く」をクリックする

　画面左下の「カード」の右にある ➕ をクリックしてページを追加します。追加されたページの名前を右クリックして「ページの名前変更」をクリックし、ページ名を「リボングラフ」に変更します。

① ページを追加し、ページの名前を「リボングラフ」に変更する

　それでは「リボングラフ」ページにリボングラフを追加しましょう。

　視覚化ペインのビジュアル一覧から 📊 をクリックしてキャンバスに配置します。データペインのフィールド一覧から「男性」「女性」を「Y軸」に、「年代」を「X軸」にドラッグして配置します。

① 視覚化ペインの 📊 をクリックする

② 📊 をクリックしてリボングラフを配置する

③ 「男性」「女性」を「Y軸」にドラッグして配置する

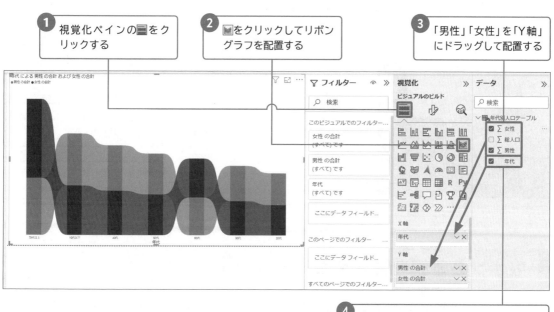

④ 「年代」を「X軸」にドラッグして配置する

X軸を年代順に並べ替える

作成されたリボングラフのX軸を見ると、「70代以上」「10代以下」と、男女の合計の大きい順に並んでいます。これを年代順に並べ替えます。

グラフ右上の⋯をクリックして「その他のオプション」を開き、「軸の並べ替え」から並べ替えます。

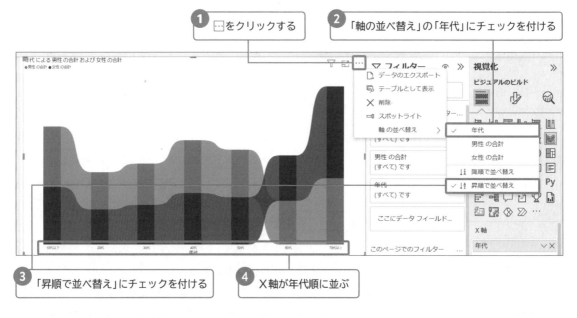

X軸の書式設定を開き、フォントサイズを変更して見やすくします。

リボンの書式を設定する

続いてリボンの書式を変更して仕上げていきます。まずは、視覚化ペインの「ビジュアル」タブの「リボン」の書式設定を開いて、「色」でリボンの色を変えてみましょう。

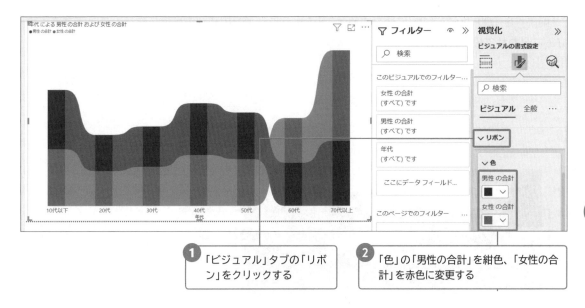

① 「ビジュアル」タブの「リボン」をクリックする

② 「色」の「男性の合計」を紺色、「女性の合計」を赤色に変更する

　なお、「リボン」の「色」の「コネクタの透過性」の数値を変えることで、見た目を変えることができます。「コネクタの透過性」は初期状態では「30」ですが、この数値を大きくすると連結部分の色がより薄くなります。必要に応じて設定しましょう。

① 必要に応じて「コネクタの透過性」を「60」に変更する

② 連結部分の色がより薄くなる

　また、「リボン」の「間隔」の「間隔」で、リボンとリボンの間隔の幅を変えることもできます。初期状態は「0」で、リボンの間にすき間はありません。

① 「間隔」をクリックする

② 初期状態では「間隔」は「0」のため、リボン間にすき間はない

「間隔」を「0」から「10」に変更すると、下のようにリボンの間隔を適度に空けることができます。好みに合わせて設定しましょう。

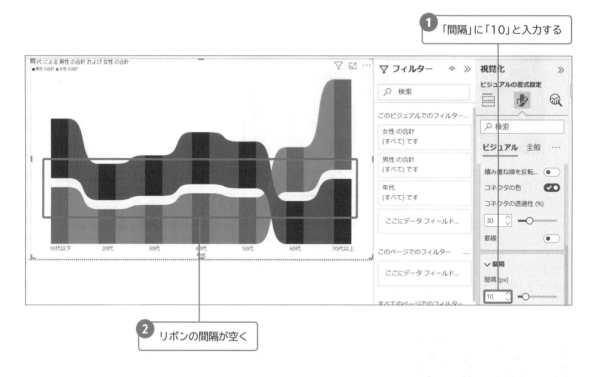

①「間隔」に「10」と入力する

② リボンの間隔が空く

Y軸のかわりにデータラベルで数値を表示する

リボングラフにはY軸がないため、データの数値も明確に表したい場合はデータラベルを表示します。視覚化ペインの「ビジュアル」タブの「データラベル」をオンにして、「男性」と「女性」のデータラベルを表示します。なお、片方のデータラベルを非表示にすることもできます。例えば、「男性」だけデータラベルを表示したい場合は、「系列」で「女性の合計」を選択し、「データラベル」の ＣＯ をクリックして表示をオフにします。

①「ビジュアル」タブの「データラベル」の ・ をクリックしてオンにする

②「系列」で一方を選択して「データラベル」をオフにし、もう一方だけデータラベルを表示することもできる

「データラベル」の「オプション」の「方向」で、データラベルの文字の向きを変更することもできます。初期状態では横書きになっていますが、X 軸の間隔が狭い場合など、状況に合わせて縦書きを選ぶことで、見やすく仕上げることができます。

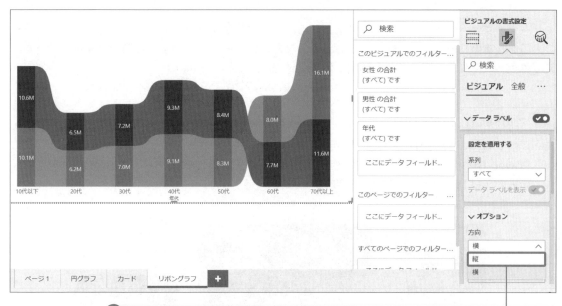

1 「データラベル」の「オプション」の「方向」を「縦」に変更して、縦書きで表示することもできる

また、「データラベル」の「オプション」の「位置」で、データラベルの表示位置を変更することもできます。初期状態ではリボンの中央に表示されますが、リボン内の上下のいずれかに表示位置を変えることも可能です。

1 「データラベル」の「オプション」の「位置」で「内側上」を選択する

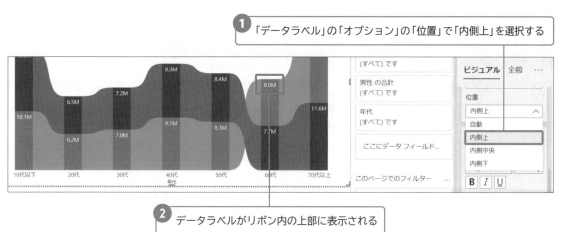

2 データラベルがリボン内の上部に表示される

これでリボングラフが完成しました。今回も、「ファイル」タブの「保存」をクリックし、上書き保存しておきましょう。次の SECTION 35 では、さらにページを追加して作成します。

ツリーマップを作成する

ツリーマップは、数値の大きさを四角形の面積の大小で表すグラフです。ここでは、年代別の男女の人口を表すツリーマップを作成しましょう。また、ツリーマップのように系列の種類が多いグラフで色を一度に変える方法なども紹介します。

このSECTIONでやること

SECTION 34 で「C ドライブ」の「Sample-PowerBI」フォルダーに上書き保存した、Power BI ファイル「年代別人口 - 令和 .pbix」を開きます。新たにページを追加し、年代別の男女の人口を表すツリーマップを作成します。

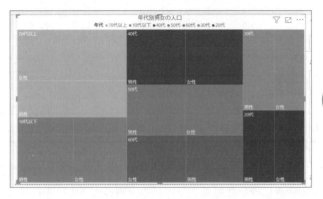

ツリーマップを
作成する

ツリーマップとは

ツリーマップとは、項目ごとの数値を、色で塗りつぶされた面積で表すグラフです。面グラフと異なり、ツリーマップは四角形の大小で数値を比較することができるため、数値の大小がより正確に表現されます。また、複数の項目を値に配置することで、階層的なデータの情報も把握できます。

まずは SECTION 34 で上書き保存した「年代別人口 - 令和 .pbix」を開き、新しくページを追加して、年代別の男女の人口を表すツリーマップを作成しましょう。

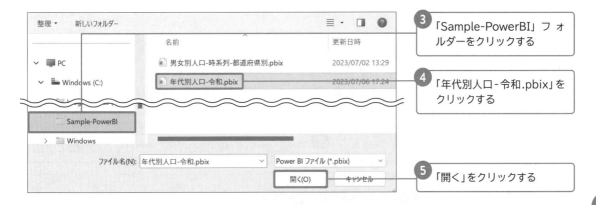

③ 「Sample-PowerBI」フォルダーをクリックする

④ 「年代別人口-令和.pbix」をクリックする

⑤ 「開く」をクリックする

　画面左下の「リボングラフ」の右にある🞤をクリックしてページを追加します。追加されたページの名前を右クリックして「ページの名前変更」をクリックし、ページ名を「ツリーマップ」に変更します。

① ページを追加し、ページの名前を「ツリーマップ」に変更する

　それでは「ツリーマップ」ページにツリーマップを追加しましょう。
　視覚化ペインのビジュアル一覧から🔲をクリックしてキャンバスに配置します。データペインのフィールド一覧から「男性」「女性」を「値」に、「年代」を「カテゴリ」にドラッグして配置します。

① 視覚化ペインの🔲をクリックする

② 🔲をクリックしてツリーマップを配置する

③ 「男性」「女性」を「値」にドラッグして配置する

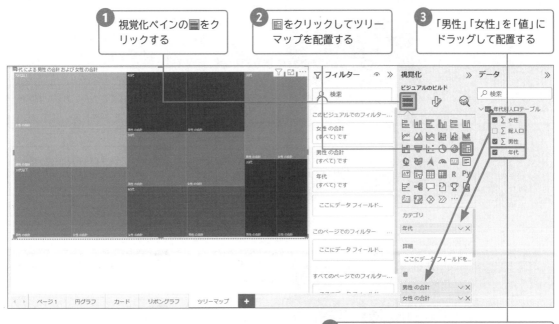

④ 「年代」を「カテゴリ」にドラッグして配置する

凡例を表示する

　ツリーマップが作成されました。グラフを作成すると凡例が表示されますが、ツリーマップの場合は表示されません。凡例を表示したい場合は、視覚化ペインを「ビジュアルの書式設定」に切り替え、「ビジュアル」タブの「凡例」の ▢ をクリックしてオンにします。

① 視覚化ペインの 📝 をクリックする　　**②**「ビジュアル」タブの「凡例」の ▢ をクリックしてオンにする

③ 凡例が表示される

　「凡例」の「オプション」の「位置」で、凡例の位置を中央に変更します。「凡例」の「テキスト」の「フォント」で、フォントサイズもあわせて変更しましょう。

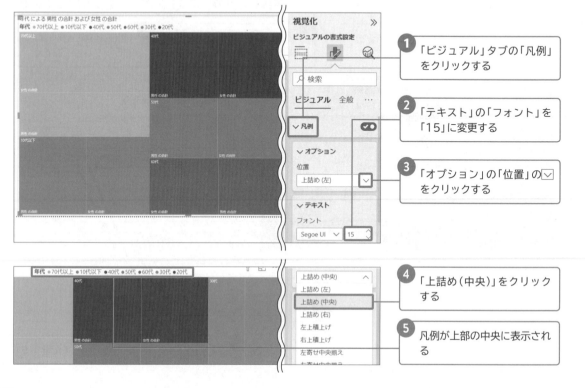

①「ビジュアル」タブの「凡例」をクリックする

②「テキスト」の「フォント」を「15」に変更する

③「オプション」の「位置」の ∨ をクリックする

④「上詰め（中央）」をクリックする

⑤ 凡例が上部の中央に表示される

タイトルやラベルの書式を変更して整える

視覚化ペインの「全般」タブの「タイトル」で、タイトルを変更しましょう。フォントサイズや配置も変えて、凡例とバランスよく揃えます。

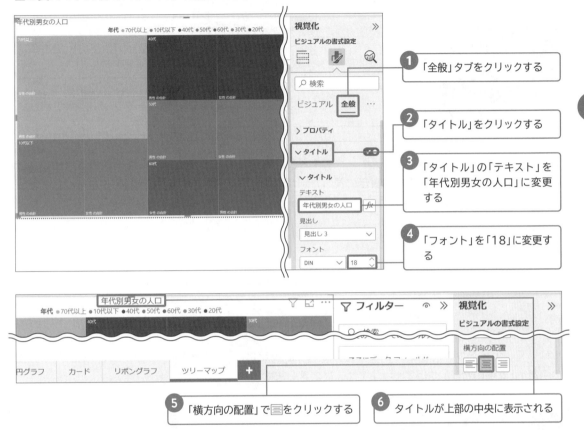

① 「全般」タブをクリックする

② 「タイトル」をクリックする

③ 「タイトル」の「テキスト」を「年代別男女の人口」に変更する

④ 「フォント」を「18」に変更する

⑤ 「横方向の配置」で☰をクリックする

⑥ タイトルが上部の中央に表示される

視覚化ペインの「ビジュアル」タブの「カテゴリラベル」で、年代のフォントサイズも変更します。

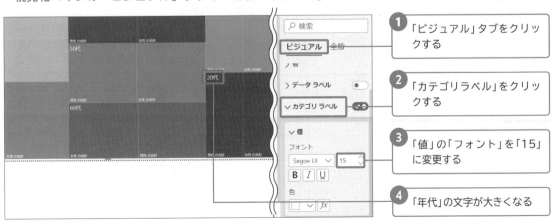

① 「ビジュアル」タブをクリックする

② 「カテゴリラベル」をクリックする

③ 「値」の「フォント」を「15」に変更する

④ 「年代」の文字が大きくなる

ツリーマップ内の「男性の合計」「女性の合計」のフォントサイズも変更して見やすくします。こちらは視覚化ペインの「ビジュアル」タブの「データラベル」をオンにして設定します。

「データラベル」をオンにしてフォントサイズを変更したので、グラフ内には系列の各数値の合計も表示されています。各数値を非表示に戻したい場合は、「データラベル」の ◧ をクリックしてオフにします。「データラベル」をオフにしても、「男性の合計」「女性の合計」は表示されます。

続いて、データラベルのタイトルを変更します。視覚化ペインの ▦ をクリックし、「値」の「男性の合計」「女性の合計」を「男性」「女性」に変更します。

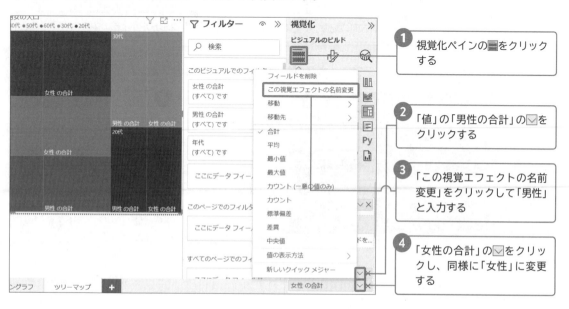

配色のテーマを変えてグラフの色を一新する

系列の各色は、視覚化ペインを「ビジュアルの書式設定」に切り替え、「ビジュアル」タブの「色」で選択することで、個別に自由に変更できます。

① 視覚化ペインの📝をクリックする

② 「色」で系列ごとに色を自由に変更できる

もっとも、ツリーマップのように系列数が多いグラフの場合、個別に色を変更していくのは手がかかります。そういう場合は、テーマの色を変更して色をまとめて変更してもよいでしょう。「表示」タブの「テーマ」からテーマを変更します。ただし、テーマを変えると他のページのグラフの色も変わるため、変更する場合は注意しましょう。

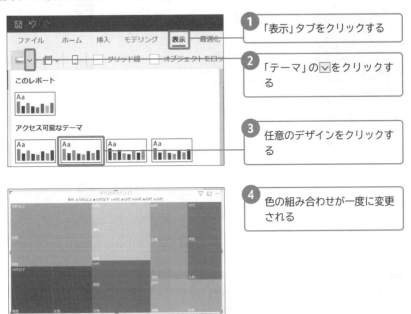

① 「表示」タブをクリックする

② 「テーマ」の☑をクリックする

③ 任意のデザインをクリックする

④ 色の組み合わせが一度に変更される

これでツリーマップが完成しました。今回も、「ファイル」タブの「保存」をクリックし、上書き保存しておきましょう。次の SECTION 36 で PDF ファイルとしてエクスポートします。

SECTION 36

PDFへエクスポートする

Power BI Desktop で作成したレポートは、PDF ファイルとしてエクスポートすることができます。ファイル内に含まれる全ページがまとめてエクスポートされます。必要に応じて下記の手順で PDF ファイルとしてエクスポートしましょう。

作成したレポートをPDFへエクスポートする

SECTION 35 で「C ドライブ」の「Sample-PowerBI」フォルダーに上書き保存した、Power BI ファイル「年代別人口 - 令和 .pbix」を開きます。

「ファイル」タブの「エクスポート」から、PDF ファイルにエクスポートします。

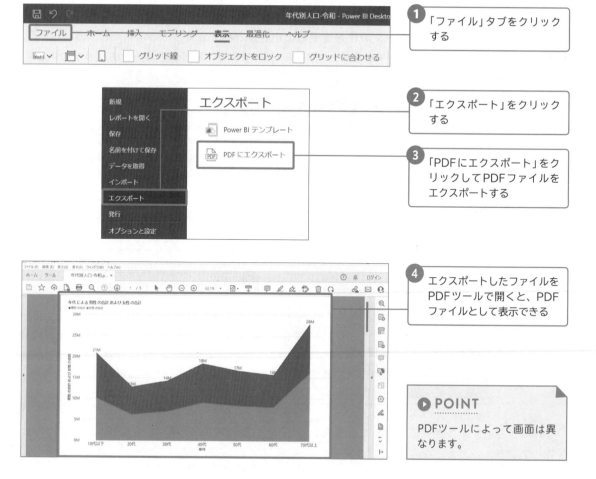

1 「ファイル」タブをクリックする

2 「エクスポート」をクリックする

3 「PDFにエクスポート」をクリックしてPDFファイルをエクスポートする

4 エクスポートしたファイルをPDFツールで開くと、PDFファイルとして表示できる

▶ **POINT**

PDFツールによって画面は異なります。

6

ビジュアルで
分析しよう

· · · · · · ·

このCHAPTERでは、
データ分析に適した機能を紹介します。
階層ごとにデータを表示するドリル機能や、
データを絞り込んで表示する
フィルター機能とスライサー機能、
基準線をグラフ内に表示する
機能などを覚えましょう。

ドリル機能で階層を掘り下げる

Power BI Desktop では、作成したグラフや集計表をデータの階層ごとにまとめて表示したり、上位や下位の階層を切り替えて表示したりすることができます。ここでは、ドリル機能で階層を切り替えて分析する方法を見ていきましょう。

このSECTIONでやること

あらかじめ「C ドライブ」に「Sample-PowerBI」フォルダーを用意し、Excel ブック「年代別人口 - 令和 - 都道府県別 .xlsx」を入れておきます。この Excel ブックには「都道府県」列のほか、関東地方などの「エリア」列もあります。Power BI Desktop で Excel ブックに接続し、集合縦棒グラフを作成して、都道府県の階層とエリアの階層を、ドリル機能を使って切り替えて分析します。

エリアの階層   都道府県の階層

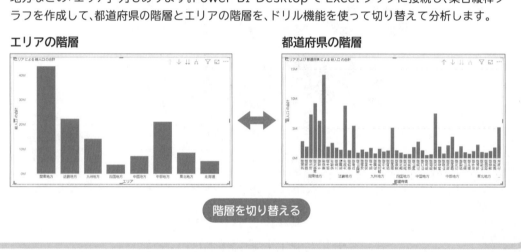

階層を切り替える

ドリル機能で階層ごとにグラフを表示する

データには階層を持つものがあります。例えば、今回使用する Excel ブック「年代別人口 - 令和 - 都道府県別 .xlsx」は都道府県別の人口をまとめたものですが、関東地方や中部地方など、より広いエリアの情報も含まれています。つまり、エリアという上位の階層（大きなくくり）と、都道府県という下位の階層（より細かなくくり）があるわけです。Power BI Desktop には、こうした階層を切り替えて表示するドリル機能が備わっています。上位の階層から下位の階層へとデータを掘り下げることを「ドリルダウン」と言い、下位の階層から上位の階層に移動することを「ドリルアップ」と言います。

ここでは、エリア別の人口と都道府県別の人口を集合縦棒グラフに表し、ドリルダウンやドリルアップを行って、データを分析しやすくしましょう。まずは、Power BI Desktop を起動し、Excel ブック「年代別人口 - 令和 - 都道府県別 .xlsx」に接続します。

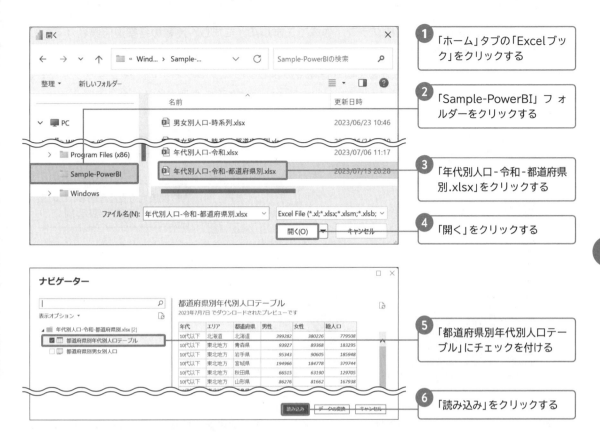

① 「ホーム」タブの「Excelブック」をクリックする

② 「Sample-PowerBI」フォルダーをクリックする

③ 「年代別人口-令和-都道府県別.xlsx」をクリックする

④ 「開く」をクリックする

⑤ 「都道府県別年代別人口テーブル」にチェックを付ける

⑥ 「読み込み」をクリックする

読み込んだデータで、エリア別都道府県別の人口平均を表す集合縦棒グラフを作成します。

① 視覚化ペインの■をクリックする

② ■をクリックして集合縦棒グラフを配置する

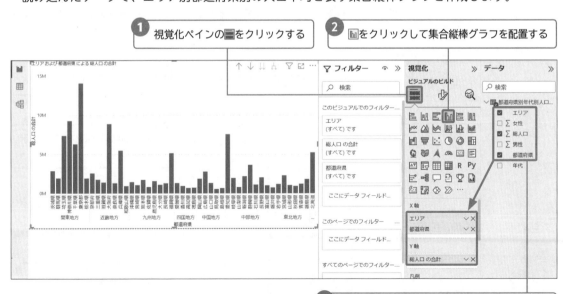

③ データペインの「エリア」「都道府県」を「X軸」に、「総人口」を「Y軸」にドラッグして配置する

都道府県別の人口を表す集合縦棒グラフが作成できました。ただし、X軸の各都道府県名（下位の階層）の下に、関東地方や近畿地方などのエリア（上位の階層）が表示されています。

それでは、ドリル機能を使って階層を切り替えてみましょう。グラフ右上の↑をクリックすると、上位の階層に移動（ドリルアップ）します。なお、アイコンは右下に表示される場合もあります。

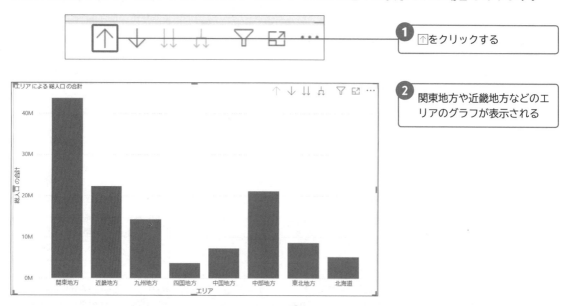

1 ↑をクリックする

2 関東地方や近畿地方などのエリアのグラフが表示される

これで上位の階層に移動し、関東地方や近畿地方などのエリアの集合縦棒グラフに変わりました。

今度は、下位の階層のみの情報のグラフ、つまりエリアの情報が含まれていない都道府県のみのグラフを表示してみましょう。グラフ右上の⥥をクリックすると、現在の階層と切り離して下位の階層に移動します。

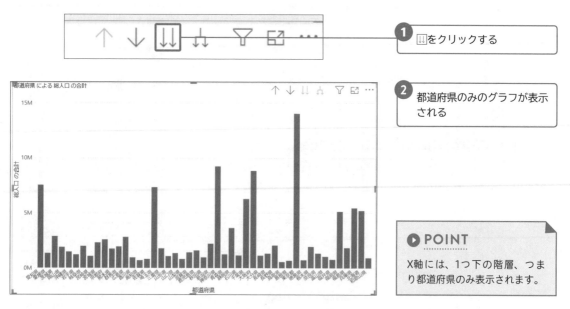

1 ⥥をクリックする

2 都道府県のみのグラフが表示される

▶ POINT

X軸には、1つ下の階層、つまり都道府県のみ表示されます。

続いて、いったん上位のエリアの階層に戻したうえで、現在の階層も含めて1つ下の階層を展開した集合縦棒グラフを表示してみましょう。つまり、エリアの情報も含めた都道府県のグラフを表示してみましょう。グラフ右上の🔽をクリックすると、現在の階層も含めて下の階層が展開されます。

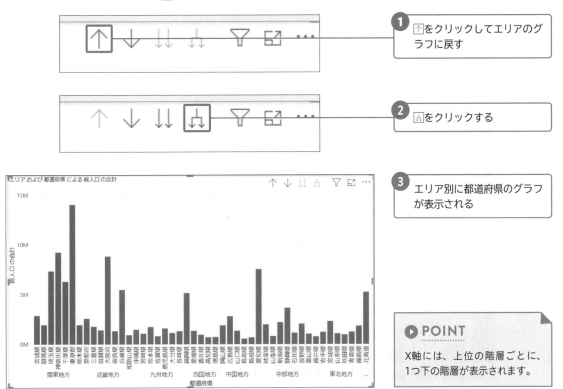

1 ⬆をクリックしてエリアのグラフに戻す

2 🔽をクリックする

3 エリア別に都道府県のグラフが表示される

> ▶ POINT
>
> X軸には、上位の階層ごとに、1つ下の階層が表示されます。

一部の地域に注目して下位の階層を表示する

次に、中部地方に注目し、中部地方の都道府県別の集計値を表示します。まずエリア別の集合縦棒グラフを表示し、そこから中部地方の都道府県別の集合縦棒グラフに切り替えましょう。

このように一部のデータに絞って下位の階層を表示したい場合は、グラフ右上の🔽をクリックしてドリルモードをオンにしたうえで操作します。

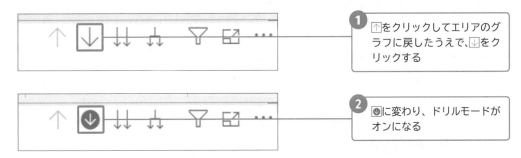

1 ⬆をクリックしてエリアのグラフに戻したうえで、🔽をクリックする

2 ⬇に変わり、ドリルモードがオンになる

このようにドリルモードをオンにした状態で、個別のグラフをクリックすると、選択したグラフの下位の階層が表示されます。それでは、中部地方のグラフをクリックして、中部地方の都道府県別の集合縦棒グラフを表示してみましょう。

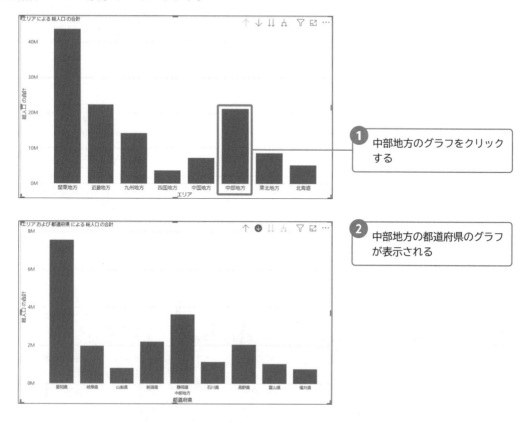

① 中部地方のグラフをクリックする

② 中部地方の都道府県のグラフが表示される

このように、ドリルモードをオンにして下位の階層に移動（ドリルダウン）すれば、大量のデータの情報を分析したいデータだけに絞り、効率よく表示することができます。

↑をクリックして上位の階層に戻っておきましょう。なお、ドリルモードをオフにするには下向き矢印のアイコンをクリックします。

集計表でドリル機能を操作する

Power BI Desktop では、グラフだけでなく集計表でも、ドリル機能を活用して階層ごとに集計結果を表示することができます。上位の階層から下位の階層へ掘り下げるドリルダウンと、下位の階層から上位への階層へとまとめるドリルアップのいずれも、グラフと同じように集計表でも利用できます。

まずは、視覚化ペインで集合縦棒グラフをマトリックスの集計表に変更して、年ごとに年代別男女別の人口の集計表を作りましょう。

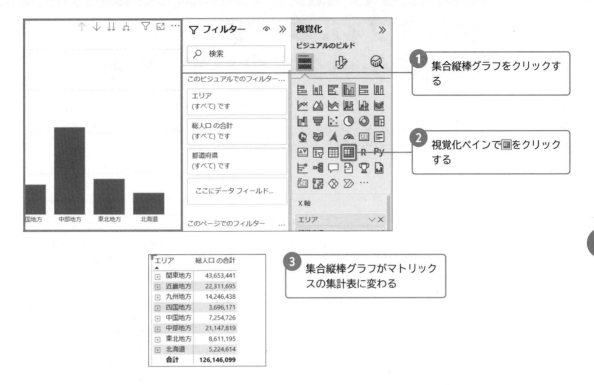

1 集合縦棒グラフをクリックする

2 視覚化ペインで▦をクリックする

3 集合縦棒グラフがマトリックスの集計表に変わる

エリア	総人口 の合計
⊞ 関東地方	43,653,441
⊞ 近畿地方	22,311,695
⊞ 九州地方	14,246,438
⊞ 四国地方	3,696,171
⊞ 中国地方	7,254,726
⊞ 中部地方	21,147,819
⊞ 東北地方	8,611,195
⊞ 北海道	5,224,614
合計	126,146,099

　集合縦棒グラフが集計表に変わりました。ドリル機能の操作方法はグラフと同じです。⥝をクリックすると、下位の階層のみの集計表、つまりエリアの情報が含まれていない都道府県のみの集計表が表示されます。

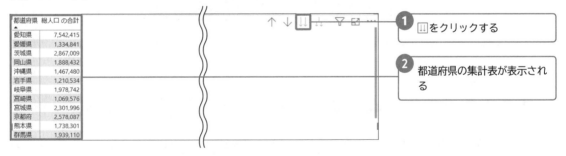

都道府県	総人口 の合計
愛知県	7,542,415
愛媛県	1,334,841
茨城県	2,867,009
岡山県	1,888,432
沖縄県	1,467,480
岩手県	1,210,534
岐阜県	1,978,742
宮崎県	1,069,576
宮城県	2,301,996
京都府	2,578,087
熊本県	1,738,301
群馬県	1,939,110

1 ⥝をクリックする

2 都道府県の集計表が表示される

　また、上位の階層で⟱をクリックすると、現在の階層も含めた1つ下の階層の集計表、つまりエリアの情報も含めた都道府県の集計表が表示されます。

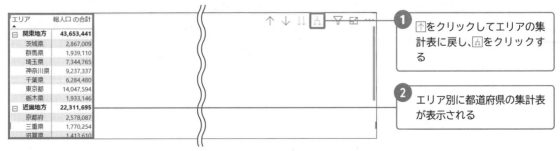

エリア	総人口 の合計
⊟ 関東地方	43,653,441
茨城県	2,867,009
群馬県	1,939,110
埼玉県	7,344,765
神奈川県	9,237,337
千葉県	6,284,480
東京都	14,047,594
栃木県	1,933,146
⊟ 近畿地方	22,311,695
京都府	2,578,087
三重県	1,770,254
滋賀県	1,413,610

1 ↑をクリックしてエリアの集計表に戻し、⟱をクリックする

2 エリア別に都道府県の集計表が表示される

SECTION 38 クロスフィルターで 特定のデータを見やすくする

複数のグラフを見比べながらデータを分析したいとき、クロスフィルターを使用すると、関連する特定のデータを強調表示したり、特定のデータのみ絞り込んだりできます。グラフ間や、グラフと集計表でクロスフィルターを使う方法を押さえましょう。

このSECTIONでやること

あらかじめ「C ドライブ」に「Sample-PowerBI」フォルダーを用意し、Excel ブック「年代別人口 - 令和 - 都道府県別 .xlsx」を入れておきます。Power BI Desktop で Excel ブックに接続して 2 つのグラフを表示したうえ、クロスフィルターを使って、グラフ間の関連する特定のデータを強調表示したり、絞り込んで表示したりします。

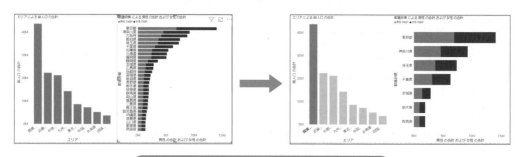

クロスフィルターで特定データを強調・絞り込む

2つのグラフを作成する

複数のグラフを見比べながらデータを分析したいときに役立つのがクロスフィルターです。1 つのグラフ内で任意の要素を選択することで、もう一方のグラフの関連するデータを強調表示したり、フィルターで絞り込んで表示したりすることができます。ここでは、集合縦棒グラフと積み上げ横棒グラフを作成し、クロスフィルターの効果を確認していきましょう。

まずは、Power BI Desktop を起動し、Excel ブック「年代別人口 - 令和 - 都道府県別 .xlsx」に接続します。

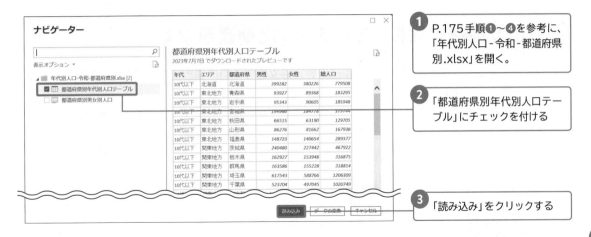

1 P.175手順❶～❹を参考に、「年代別人口-令和-都道府県別.xlsx」を開く。

2 「都道府県別年代別人口テーブル」にチェックを付ける

3 「読み込み」をクリックする

　読み込んだデータで、まずは関東地方や近畿地方などのエリアごとの人口を表す集合縦棒グラフを作成します。

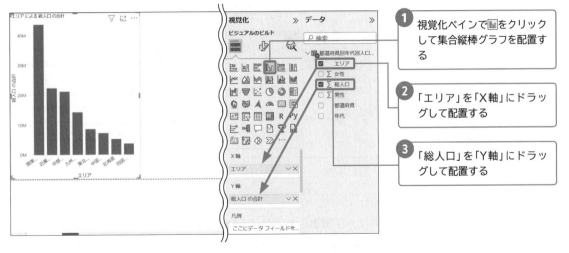

1 視覚化ペインで📊をクリックして集合縦棒グラフを配置する

2 「エリア」を「X軸」にドラッグして配置する

3 「総人口」を「Y軸」にドラッグして配置する

　続いて、キャンバスに配置した集合縦棒グラフの右側に、都道府県別の男女別人口を表す、積み上げ横棒グラフを作成します。

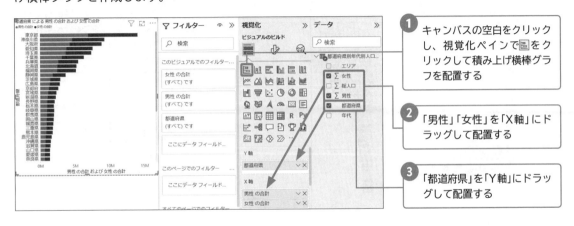

1 キャンバスの空白をクリックし、視覚化ペインで📊をクリックして積み上げ横棒グラフを配置する

2 「男性」「女性」を「X軸」にドラッグして配置する

3 「都道府県」を「Y軸」にドラッグして配置する

181

一部の地域に注目してグラフを連動表示する

エリア別の人口の集合縦棒グラフと、都道府県別男女別の人口の積み上げ横棒グラフが作成されました。この時点で、すでに 2 つのグラフは連動している状態です。

それでは、強調表示のクロスフィルターを適用するため、集合縦棒グラフ内の「中部地方」のグラフをクリックしてみましょう。それぞれのグラフに表示されている要素の内容はそのままですが、どちらのグラフも選択した中部地方に関連する要素が強調表示されます。

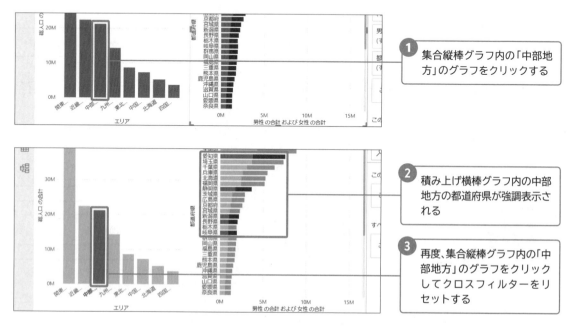

1 集合縦棒グラフ内の「中部地方」のグラフをクリックする

2 積み上げ横棒グラフ内の中部地方の都道府県が強調表示される

3 再度、集合縦棒グラフ内の「中部地方」のグラフをクリックしてクロスフィルターをリセットする

今度は、集合縦棒グラフ内の中部地方を選択した場合に、中部地方の都道府県の情報のみフィルターで絞り込んで表示されるよう設定しましょう。集合縦棒グラフを選択して「書式」タブの「相互作用を編集」をクリックし、積み上げ横棒グラフの 📊 をクリックしてフィルターに切り替えます。

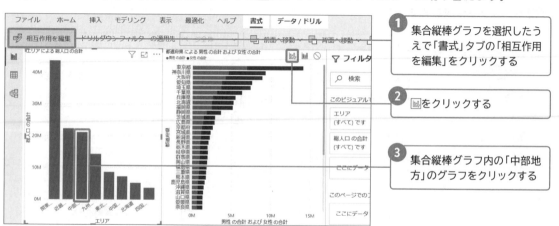

1 集合縦棒グラフを選択したうえで「書式」タブの「相互作用を編集」をクリックする

2 📊 をクリックする

3 集合縦棒グラフ内の「中部地方」のグラフをクリックする

4 中部地方の都道府県のみ表示される

5 積み上げ横棒グラフのX軸の最大値は「8M」と表示されている

　集合縦棒グラフ内の「中部地方」のグラフをクリックすると、右側の積み上げ横棒グラフでは中部地方の9県のみ表示されました。ここでX軸の最大値に注目してみましょう。X軸の表示単位が100万のため、現在の最大値は「8M」と表示されています。

　今度は、集合縦棒グラフ内の関東地方をクリックして、グラフの変化を確認してみましょう。

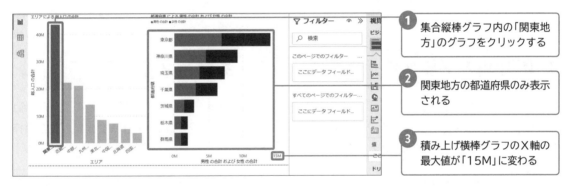

1 集合縦棒グラフ内の「関東地方」のグラフをクリックする

2 関東地方の都道府県のみ表示される

3 積み上げ横棒グラフのX軸の最大値が「15M」に変わる

　X軸の最大値が自動で設定されるようになっているため、X軸の最大値が「15M」に変わってしまいました。最大値によって棒の長さが調整されると、正確な分析を行うことが難しくなります。このような場合は、視覚化ペインの「ビジュアル」タブの「X軸」でX軸の最大値を任意のものに設定して固定し、同じ基準でグラフを表示しましょう。

1 積み上げ横棒グラフを選択したうえで、視覚化ペインの 🖉 をクリックする

2 「ビジュアル」タブの「X軸」の「範囲」の「最大値」を「20000000」に変更する

3 「X軸」の最大値が「20M」に変わる

なお、フィルターを解除して強調表示に戻したい場合は、集合縦棒グラフを選択したうえ「書式」タブの「相互作用の編集」をクリックし、積み上げ横棒グラフの📊をクリックします。

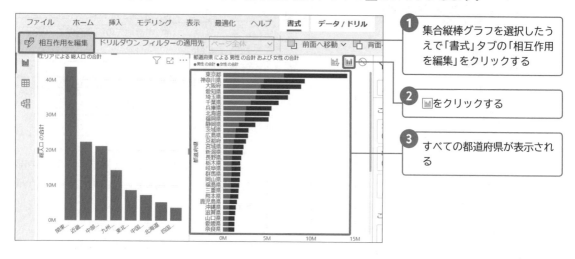

① 集合縦棒グラフを選択したうえで「書式」タブの「相互作用を編集」をクリックする

② 📊をクリックする

③ すべての都道府県が表示される

集計表とグラフでクロスフィルターを利用する

クロスフィルターはグラフだけでなく、集計表でも利用できます。積み上げ横棒グラフの⋯→「削除」をクリックして積み上げ横棒グラフを削除したうえで、都道府県別年代別の集計表を作り、集合縦棒グラフと集計表でクロスフィルターを利用してみましょう。

① 積み上げ横棒グラフを削除し、視覚化ペインの▦をクリックする

② 視覚化ペインの▦をクリックして集計表を配置する

③ 「総人口」を「値」にドラッグして配置する

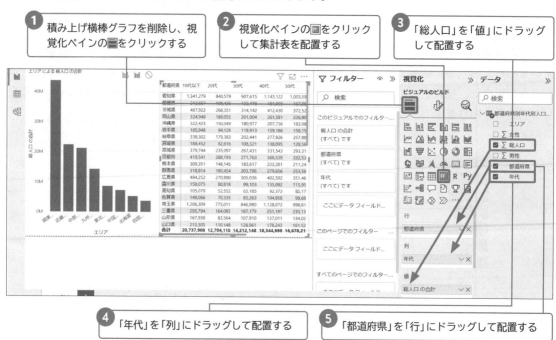

④ 「年代」を「列」にドラッグして配置する

⑤ 「都道府県」を「行」にドラッグして配置する

都道府県別年代別の集計表が作成されました。集計表内の「10代以下」の列をクリックすると、左側の集合縦棒グラフ内の10代以下の人口が強調表示されます。

1 集計表内の「10代以下」の列をクリックする

2 10代以下の人口が強調表示される

今度は集合縦棒グラフ内の「関東地方」のグラフをクリックしてみましょう。右側の集計表は関東地方の都道府県の情報のみが表示されます。

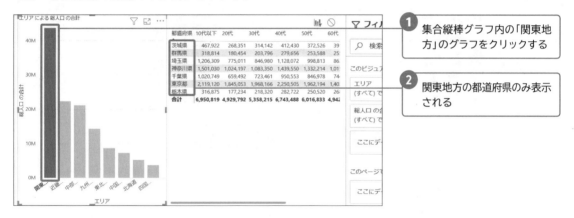

1 集合縦棒グラフ内の「関東地方」のグラフをクリックする

2 関東地方の都道府県のみ表示される

強調表示からフィルターに変更するには、集計表を選択したうえで、集合縦棒グラフの📊をクリックします。「10代以下」の列をクリックすると、グラフに10代以下の情報のみ表示されます。

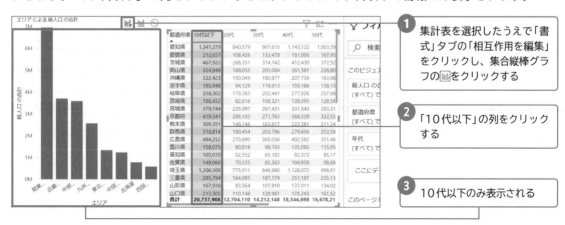

1 集計表を選択したうえで「書式」タブの「相互作用を編集」をクリックし、集合縦棒グラフの📊をクリックする

2 「10代以下」の列をクリックする

3 10代以下のみ表示される

スライサーで
特定のデータを抽出する

大量のデータで作成したグラフや集計表から特定のデータのみを表示したい場合は、スライサーを使って抽出すると簡単です。ここでは、スライサーを使ってグラフと集計表から都道府県や年を選択して抽出する方法を覚えましょう。

このSECTIONでやること

あらかじめ「Cドライブ」に「Sample-PowerBI」フォルダーを用意し、関東と中部の16都県のデータが入ったExcelブック「年代別人口 - 都道府県別 -3年分 .xlsx」を入れておきます。Power BI DesktopでExcelブックに接続してグラフと集計表を作成し、都道府県を選択できるスライサーと、年を選択できるスライサーを設置して、特定のデータを抽出します。

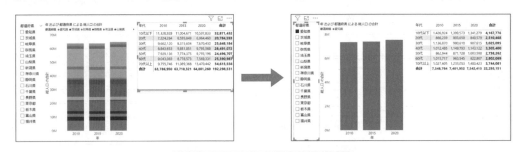

スライサーで特定データを抽出する

スライサー・グラフ・集計表を作成する

スライサーは、特定のデータを選択して抽出できるようにするツールで、グラフと同様にキャンバスに配置して使用します。まずは、バーティカルリスト形式のスライサーを使って、積み上げ縦棒グラフとマトリックスの集計表から、特定の都道府県の人口を抽出できるようにしましょう。

Power BI Desktopを起動し、Excelブック「年代別人口 - 都道府県別 -3年分 .xlsx」に接続します。

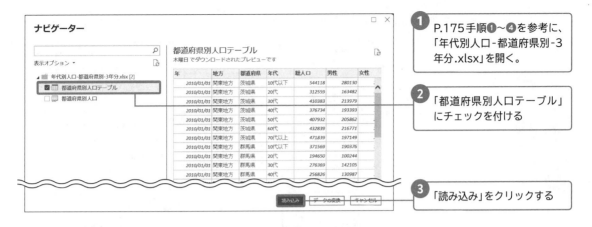

① P.175手順❶〜❹を参考に、「年代別人口-都道府県別-3年分.xlsx」を開く。

② 「都道府県別人口テーブル」にチェックを付ける

③ 「読み込み」をクリックする

まず、視覚化ペインで図をクリックして、都道府県を選択するためのスライサーを配置します。「フィールド」には選択する要素を配置するため、ここでは「都道府県」を配置します。

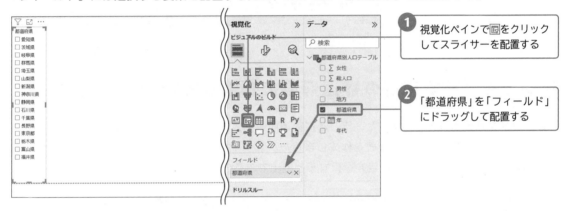

① 視覚化ペインで図をクリックしてスライサーを配置する

② 「都道府県」を「フィールド」にドラッグして配置する

続いて、年ごとに都道府県別の人口を表す積み上げ縦棒グラフを追加します。

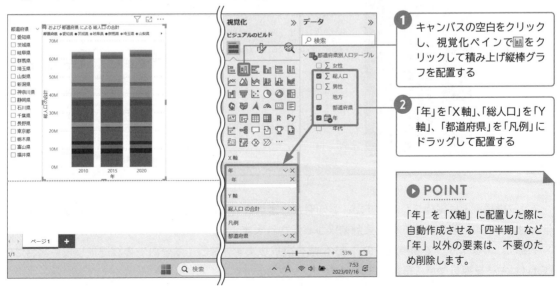

① キャンバスの空白をクリックし、視覚化ペインで📊をクリックして積み上げ縦棒グラフを配置する

② 「年」を「X軸」、「総人口」を「Y軸」、「都道府県」を「凡例」にドラッグして配置する

▶ POINT

「年」を「X軸」に配置した際に自動作成させる「四半期」など「年」以外の要素は、不要のため削除します。

187

続いて、年ごとに年代別の人口を集計した集計表を追加します。

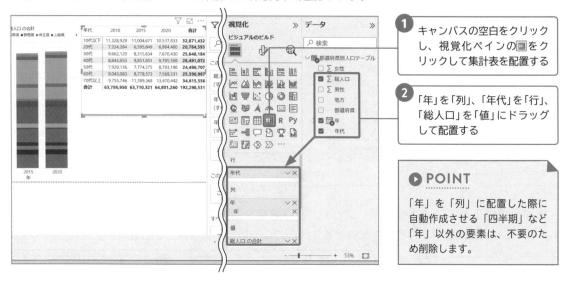

1 キャンバスの空白をクリックし、視覚化ペインの□をクリックして集計表を配置する

2 「年」を「列」、「年代」を「行」、「総人口」を「値」にドラッグして配置する

▶ POINT

「年」を「列」に配置した際に自動作成させる「四半期」など「年」以外の要素は、不要のため削除します。

スライサーで特定の都道府県の情報を抽出する

都道府県を選択するスライサーと、年ごとに都道府県別人口を表す積み上げ縦棒グラフ、そして年ごとに年代別人口を集計した集計表を作成しました。スライサーを使って、愛知県のグラフと集計表を表示します。スライサー内の項目を選択すると抽出できるので、愛知県をクリックします。

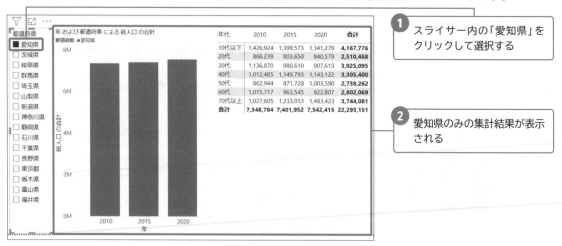

1 スライサー内の「愛知県」をクリックして選択する

2 愛知県のみの集計結果が表示される

グラフは積み上げ縦棒グラフですが、愛知県だけ選択されているため、単色で表示されます。また、年代別人口の集計表には愛知県の集計結果が表示されます。

今度は、スライサーで関東地方の1都6県を選択します。スライサー内で複数選択したい場合は、「Ctrl」キーを押しながら項目を1つずつクリックします。

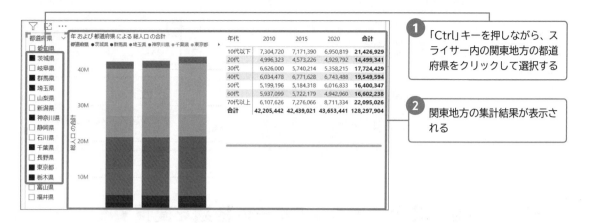

① 「Ctrl」キーを押しながら、ス
ライサー内の関東地方の都道
府県をクリックして選択する

② 関東地方の集計結果が表示さ
れる

　積み上げ縦棒グラフは関東地方の1都6県の積み上げとなり、集計表は関東地方の1都6県のデータを年ごとの年代別に集計したものとなります。

　スライサーの選択を解除し、全件の情報を表示したい場合は、スライサー右上の◇をクリックします。

① ◇をクリックする

② スライサーの選択が解除さ
れ、全件の情報が表示される

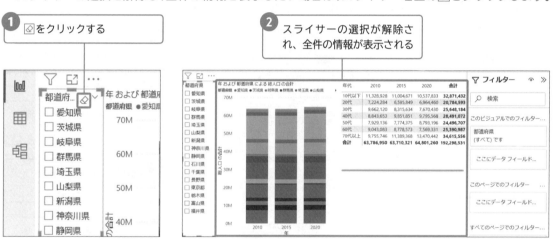

　なお、スライサーの種類は視覚化ペインの「ビジュアル」タブの「スライサーの設定」で変更できます。ドロップダウン形式に変更してみましょう。

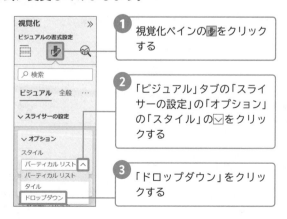

① 視覚化ペインの 🖌 をクリック
する

② 「ビジュアル」タブの「スライ
サーの設定」の「オプション」
の「スタイル」の▽をクリッ
クする

③ 「ドロップダウン」をクリッ
クする

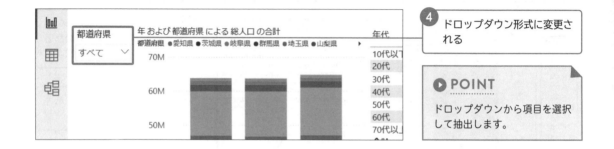

4 ドロップダウン形式に変更される

▶ **POINT**

ドロップダウンから項目を選択して抽出します。

データ内容に合わせてスライサーの種類を変更する

今度は、年を選択するスライサーを配置しましょう。視覚化ペインで▦をクリックしてスライサーを配置し、「フィールド」には「年」を配置します。このように「フィールド」に日付のデータを設定すると、スライダー形式のスライサーになります。

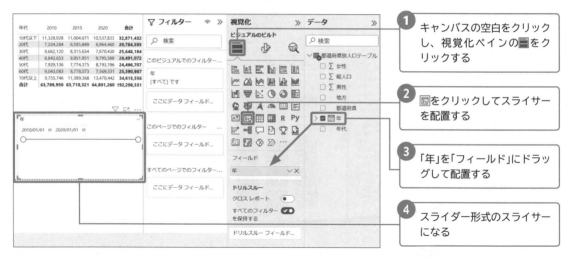

1 キャンバスの空白をクリックし、視覚化ペインの▦をクリックする

2 ▦をクリックしてスライサーを配置する

3 「年」を「フィールド」にドラッグして配置する

4 スライダー形式のスライサーになる

スライダー形式のスライサーは、○を左右にドラッグして期間を指定します。左側の○をドラッグして開始期間を「2012年」にすると、2015年と2020年のデータが表示されます。

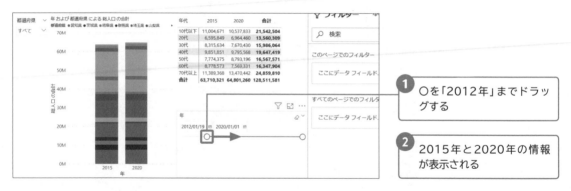

1 ○を「2012年」までドラッグする

2 2015年と2020年の情報が表示される

今度はスライサーをタイル形式に変更してみましょう。視覚化ペインの「ビジュアル」タブの「スライサーの設定」から、「オプション」の「スタイル」を「タイル」に変更します。

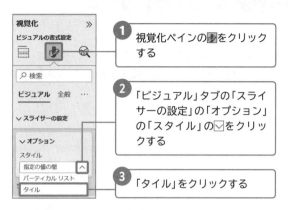

① 視覚化ペインの ■ をクリックする

② 「ビジュアル」タブの「スライサーの設定」の「オプション」の「スタイル」の ☑ をクリックする

③ 「タイル」をクリックする

タイル形式のスライサーは、クリックして項目を選択します。複数選択したい場合は、「Ctrl」キーを押しながら項目をクリックします。「Ctrl」キーを押しながら「2015年1月1日」と「2020年1月1日」をクリックし、それぞれの年の情報を表示しましょう。

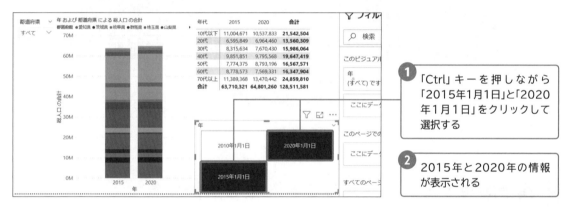

① 「Ctrl」キーを押しながら「2015年1月1日」と「2020年1月1日」をクリックして選択する

② 2015年と2020年の情報が表示される

選択を解除する場合は、スライサー右上の ◻ をクリックします。選択が解除され、全件の情報が表示されます。

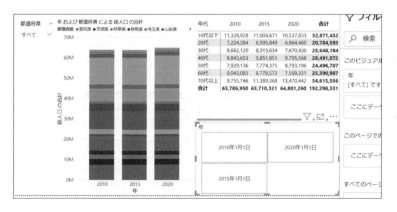

① ◻ をクリックするとスライサーの選択が解除され、全件の情報が表示される

CHAPTER

6

ビジュアルで分析しよう

191

平均線で分析する

グラフ内に数値の平均を示す平均線を追加することで、分析の基準の1つとなる指標を設けられます。ここでは、集合縦棒グラフに系列ごとの平均線を追加したうえ、書式やデータラベルを設定して、データを分析しやすく仕上げてみましょう。

このSECTIONでやること

あらかじめ「Cドライブ」に「Sample-PowerBI」フォルダーを用意し、Excelブック「男女別人口-時系列.xlsx」を入れておきます。Power BI DesktopでExcelブックに接続し、時系列で男女の人口を表す集合縦棒グラフを作成して、男性と女性の平均線をわかりやすく追加します。

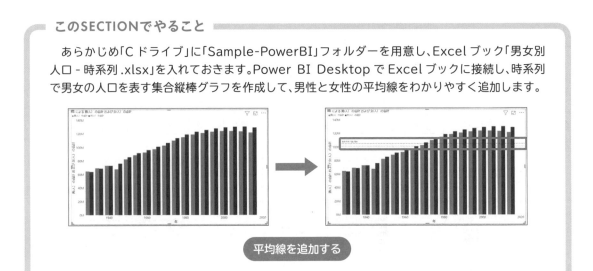

平均線を追加する

集合縦棒グラフを作成して平均線を追加する

まずは、時系列で男女の人口を表す集合縦棒グラフを作成します。Power BI Desktopを起動し、Excelブック「男女別人口-時系列.xlsx」に接続します。

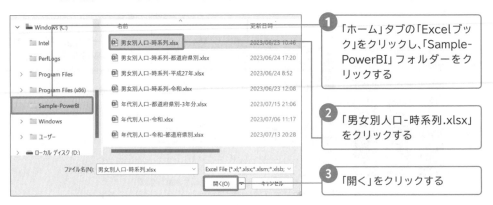

① 「ホーム」タブの「Excelブック」をクリックし、「Sample-PowerBI」フォルダーをクリックする

② 「男女別人口-時系列.xlsx」をクリックする

③ 「開く」をクリックする

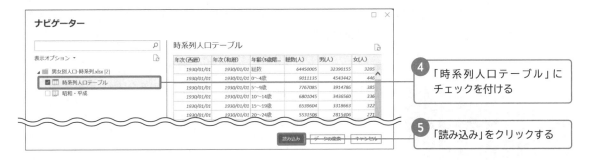

④ 「時系列人口テーブル」に
チェックを付ける

⑤ 「読み込み」をクリックする

読み込んだデータで集合縦棒グラフを作成します。

① 視覚化ペインで📊をクリックし
て集合縦棒グラフを配置する

② 「男（人）」「女（人）」を「Y軸」
にドラッグして配置する

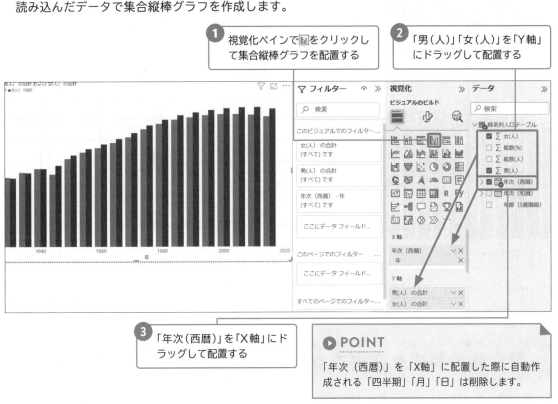

③ 「年次（西暦）」を「X軸」にド
ラッグして配置する

▶ POINT

「年次（西暦）」を「X軸」に配置した際に自動作
成される「四半期」「月」「日」は削除します。

作成した集合縦棒グラフに平均線を追加します。視覚化ペインで📊をクリックし、「平均線」の設
定を開きます。

① 視覚化ペインの📊をクリック
する

② 「平均線」クリックする

③ 平均線の設定が開く

「平均線」の「設定を適用する」の「行の追加」をクリックすると平均線が追加できます。男性の平均線、女性の平均線の順に、それぞれ追加します。

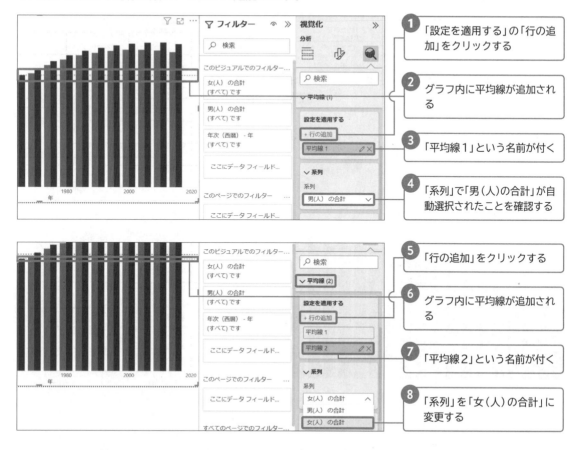

平均線の書式を変更する

「平均線」の「設定を適用する」で平均線の名前を選択したうえで、「平均線」の「線」の書式を変更すれば、見やすく仕上げることができます。

● 平均線の線の書式設定

❶ カラー	平均線の色を設定できる。
❷ 透過性（%）	パーセンテージを入力するか、スライダーを左右に動かして透過性を設定できる。規定値は50%で数値が低いほど濃くなる。
❸ スタイル	線のスタイルを設定できる。「破線」（規定値）のほか、「実線」「点線」がある。
❹ 位置	線の位置を設定できる。「前面」（規定値）のほか、グラフの背面に設定できる「遅延」がある。

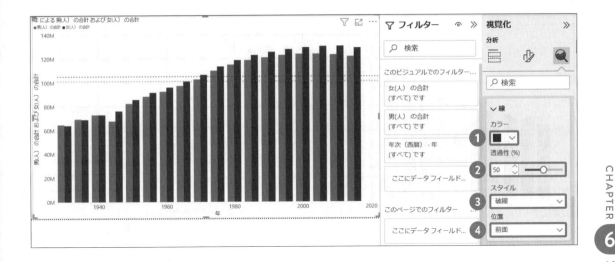

平均線のデータラベルを設定する

平均線のデータラベルを表示するには、「平均線」の「設定を適用する」で平均線の名前を選択したうえで、「平均線」の「データラベル」の▣をクリックします。データラベルも書式を変更し、見やすく仕上げることができます。

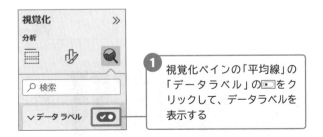

1 視覚化ペインの「平均線」の「データラベル」の▣をクリックして、データラベルを表示する

● 平均線のデータラベルの書式設定

1 水平方向の位置	グラフの左右の位置を設定できる。「左へ移動」が規定値。
2 縦位置	平均線に対してラベルの上下の位置を設定できる。「上」が規定値。
3 スタイル	データラベルの表示内容を設定できる。「データ値」は平均線の値、「名前」は平均線のラベル名、「双方向」は値とラベル名。
4 色	データラベルの色を設定できる。
5 表示単位	データラベルを「データ値」で表示する場合の表示単位を設定できる。
6 小数点以下桁数の値	データラベルを「データ値」で表示する場合の小数点以下の桁数を設定できる。「自動」を選択、もしくは小数点以下の桁数を数値で入力。

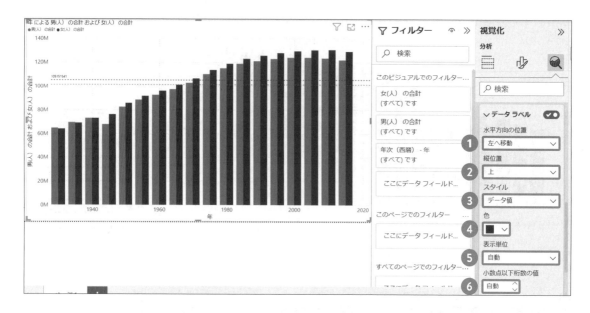

ここでは「平均線2」を選択した状態で、「スタイル」を変更し、ラベル名と値の表示に変更してみましょう。「スタイル」の☑をクリックし、「双方向」を選択します。

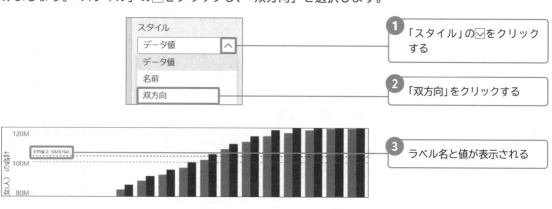

次に、平均線の値の表示単位を、集合縦棒グラフのY軸の表示単位と同じ「百万」に設定にします。

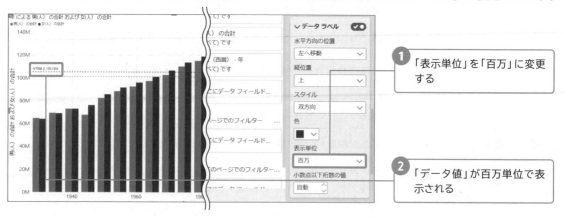

「スタイル」で「名前」や「双方向」を選択する場合は、平均線の名前をわかりやすい名前に変更しておくとよいでしょう。ここでは「平均線2」を「女性平均」に変更します。

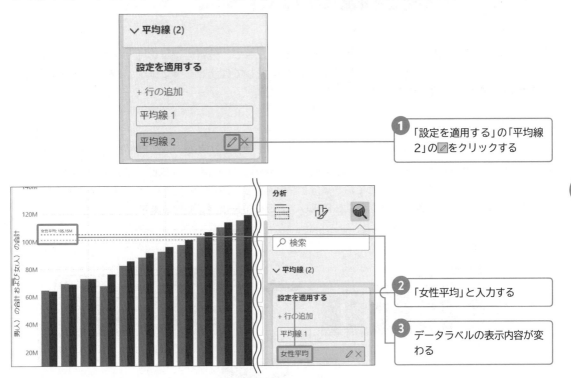

①「設定を適用する」の「平均線2」の✎をクリックする

②「女性平均」と入力する

③ データラベルの表示内容が変わる

　なお、追加した平均線を削除したい場合は、平均線の⊠をクリックします。ここでは「平均線1」を削除してみましょう。

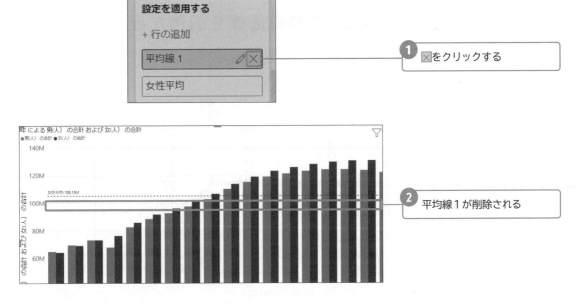

① ⊠をクリックする

② 平均線1が削除される

中央値線で分析する

グラフ内に数値の中央値を示す中央値線を追加することで、分析の基準の1つとなる指標を設けられます。ここでは、集合縦棒グラフに中央値線を追加して仕上げます。また、フィルターによる抽出を行い、中央値線の特徴も確認しましょう。

このSECTIONでやること

あらかじめ「Cドライブ」に「Sample-PowerBI」フォルダーを用意し、Excelブック「年代別人口 - 令和.xlsx」を入れておきます。Power BI DesktopでExcelブックに接続し、年代別の人口を表す集合縦棒グラフを作成し、そこに中央値線を追加します。

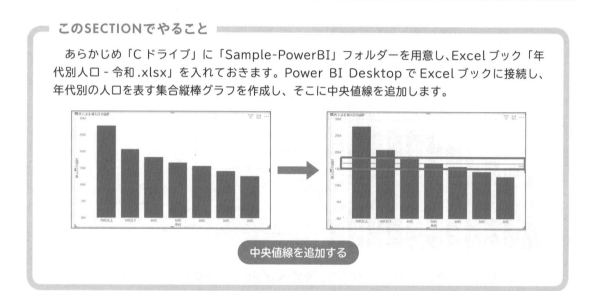

中央値線を追加する

集合縦棒グラフを作成して中央値線を追加する

まずは、年代列の人口を表す集合縦棒グラフを作成します。Power BI Desktopを起動し、Excelブック「年代別人口 - 令和.xlsx」に接続します。

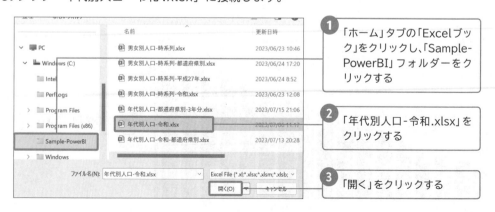

1 「ホーム」タブの「Excelブック」をクリックし、「Sample-PowerBI」フォルダーをクリックする

2 「年代別人口-令和.xlsx」をクリックする

3 「開く」をクリックする

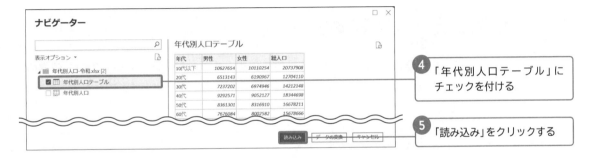

表内容：

年代	男性	女性	総人口
10代以下	10627654	10110254	20737908
20代	6513143	6190967	12704110
30代	7237202	6974946	14212148
40代	9292571	9052127	18344698
50代	8361301	8316910	16678211
60代	7676084	8002582	15678666

④ 「年代別人ロテーブル」に
チェックを付ける

⑤ 「読み込み」をクリックする

読み込んだデータで集合縦棒グラフを作成します。

① 視覚化ペインで📊をクリックして集合縦棒グラフを配置する

② 「総人口」を「Y軸」にドラッグして配置する

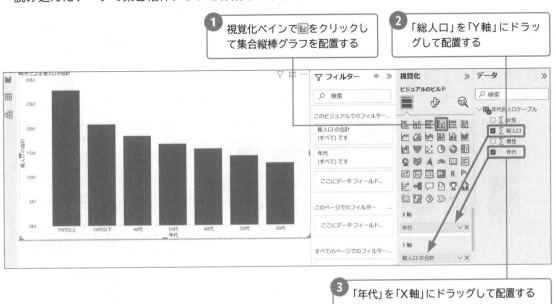

③ 「年代」を「X軸」にドラッグして配置する

完成した集合縦棒グラフは年代順ではなく、年代別人口の大きい順（降順）に表示されています。それではこの集合縦棒グラフに中央値線を追加します。視覚化ペインで🔍をクリックし、「中央値線」の「設定を適用する」の「行の追加」をクリックします。

① 視覚化ペインの🔍をクリックする

② 「中央値線」をクリックする

③ 「設定を適用する」の「行の追加」をクリックする

④ 「中央値線」が追加される

中央値線の書式を変更する

集合縦棒グラフ内に中央値線が追加されました。「中央値線」の「設定を適用する」で中央値線の名前を選択したうえで、「中央値線」の「線」の書式を変更すれば、見やすく仕上げることができます。

● 中央値線の線の書式設定

❶ カラー	中央値線の色を設定できる。
❷ 透過性 (%)	パーセンテージを入力するか、スライダーを左右に動かして透過性を設定できる。規定値は50%で数値が低いほど濃くなる。
❸ スタイル	線のスタイルを設定できる。「破線」（規定値）のほか、「実線」「点線」がある。
❹ 位置	線の位置を設定できる。「前面」（規定値）のほか、グラフの背面に設定できる「遅延」がある。

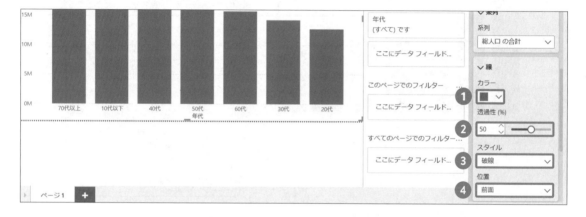

それでは、「中央値線」の「線」の「スタイル」を「実線」に、「位置」を「遅延」に変更してみましょう。なお、ここでは中央値線が区別しやすいよう、「色」で中央値線の色を仮に薄くしています。

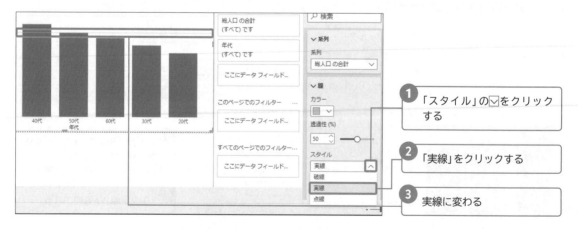

❶ 「スタイル」の☑をクリックする

❷ 「実線」をクリックする

❸ 実線に変わる

200

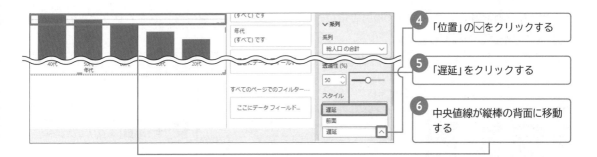

4	「位置」の☑をクリックする	
5	「遅延」をクリックする	
6	中央値線が縦棒の背面に移動する	

中央値線のデータラベルを設定する

平均線のデータラベルを表示するには、「中央値線」の「設定を適用する」で中央値線の名前を選択したうえで、「中央値線」の「データラベル」の☑をクリックします。

◉ 中央値線のデータラベルの書式設定

❶	水平方向の位置	グラフの左右の位置を設定できる。「左へ移動」が規定値。
❷	縦位置	中央値線に対してラベルの上下の位置を設定できる。「上」が規定値。
❸	スタイル	データラベルの表示内容を設定できる。「データ値」は中央値線の値。「名前」は中央値線のラベル名。「双方向」は値とラベル名。
❹	色	データラベルの色を設定できる。
❺	表示単位	データラベルを「データ値」で表示する場合の表示単位を設定できる。
❻	小数点以下桁数の値	データラベルを「データ値」で表示する場合の小数点以下の桁数を設定できる。「自動」を選択、もしくは小数点以下の桁数を数値で入力。

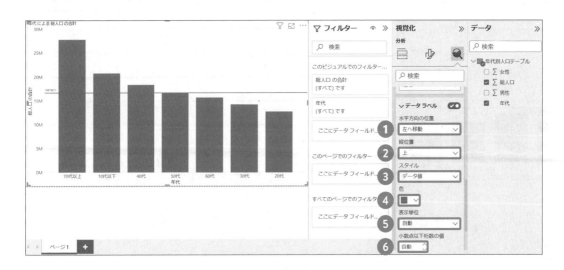

「水平方向の位置」でデータラベルの表示位置を右側に変更し、「縦位置」でデータラベルの表示位置を下側に変更してみましょう。

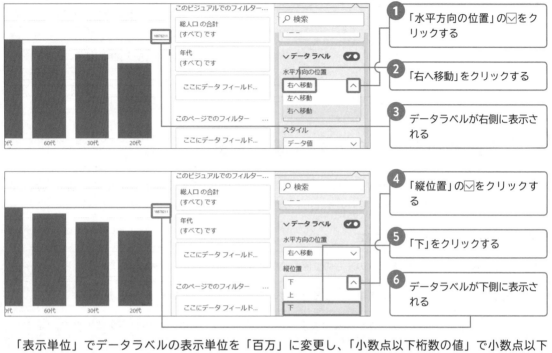

1 「水平方向の位置」の☑をクリックする

2 「右へ移動」をクリックする

3 データラベルが右側に表示される

4 「縦位置」の☑をクリックする

5 「下」をクリックする

6 データラベルが下側に表示される

「表示単位」でデータラベルの表示単位を「百万」に変更し、「小数点以下桁数の値」で小数点以下の桁数を「1」に変更してみましょう。

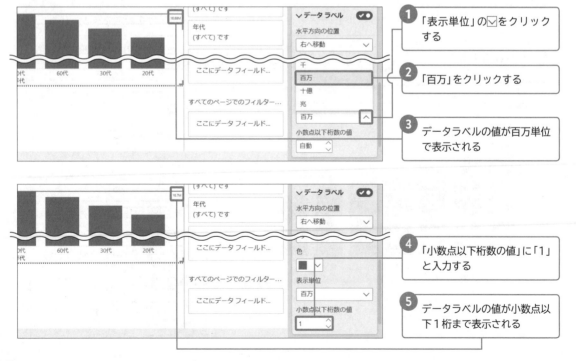

1 「表示単位」の☑をクリックする

2 「百万」をクリックする

3 データラベルの値が百万単位で表示される

4 「小数点以下桁数の値」に「1」と入力する

5 データラベルの値が小数点以下1桁まで表示される

フィルターを使って中央値線を変えて分析する

中央値線はデータを数値の昇順や降順で並べた際、中央にくる要素の最大値で表示されます。すべての年代を表示した現状の集合縦棒グラフでは、中央に該当する50代の最大値で中央値線が表示されています。

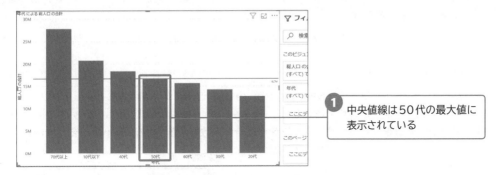

1 中央値線は50代の最大値に表示されている

ただし、フィルターペインのフィルターを使えばデータを抽出することができ、それにともなって中央値線も変更されます。フィルターを使って一番人口の多い70代以上を除いてみましょう。すると、中央値線は50代と60代の最大値の中間に表示されます。

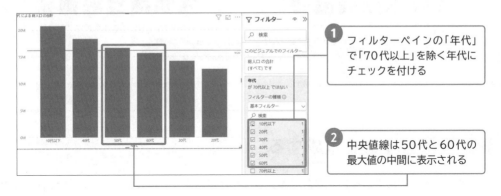

1 フィルターペインの「年代」で「70代以上」を除く年代にチェックを付ける

2 中央値線は50代と60代の最大値の中間に表示される

次に、人口の多い10代以下を除いてみましょう。すると、中央値線は60代の最大値に表示されます。

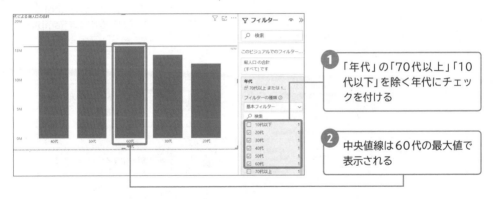

1 「年代」の「70代以上」「10代以下」を除く年代にチェックを付ける

2 中央値線は60代の最大値で表示される

定数線・最大値線・最小値線で分析する

グラフ内には、任意の値を示す定数線や、最大値を表す最大値線、最小値を表す最小値線も追加することができます。ここでは、集合縦棒グラフにそれぞれの線を追加します。それぞれ線の違いにも注目しながら、操作方法を覚えましょう。

このSECTIONでやること

あらかじめ「C ドライブ」に「Sample-PowerBI」フォルダーを用意し、Excel ブック「年代別人口 - 令和 .xlsx」を入れておきます。Power BI Desktop で Excel ブックに接続し、年代列男女別の人口を表す集合縦棒グラフを作成し、定数線・最大値線・最小値線を追加します。

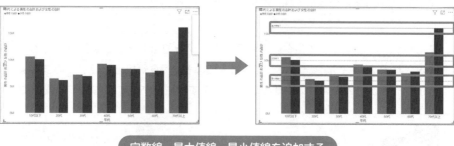

定数線・最大値線・最小値線を追加する

集合縦棒グラフを作成する

まずは、年代列男女別の人口を表す集合縦棒グラフを作成します。Power BI Desktop を起動し、Excel ブック「年代別人口 - 令和 .xlsx」に接続します。

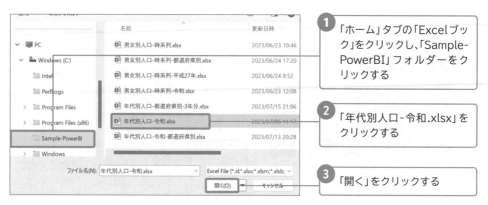

1 「ホーム」タブの「Excel ブック」をクリックし、「Sample-PowerBI」フォルダーをクリックする

2 「年代別人口-令和.xlsx」をクリックする

3 「開く」をクリックする

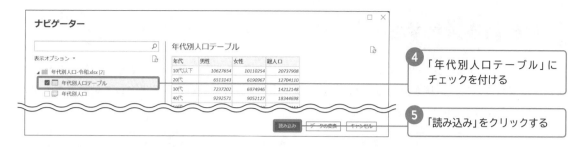

④「年代別人口テーブル」に
チェックを付ける

⑤「読み込み」をクリックする

読み込んだデータで集合縦棒グラフを作成します。

① 視覚化ペインで 📊 をクリックして集合縦棒グラフを配置する

② 「男性」「女性」を「Y軸」にドラッグして配置する

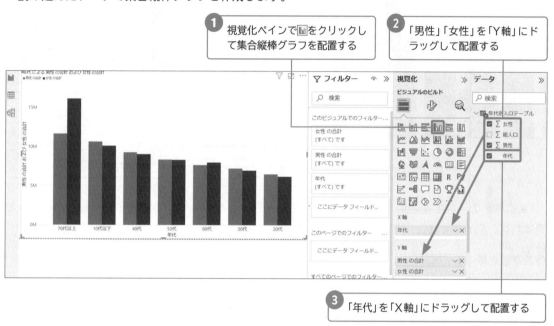

③ 「年代」を「X軸」にドラッグして配置する

完成した集合縦棒グラフは年代順ではなく、年代別人口の大きい順（降順）に表示されています。グラフ右上の ⋯ をクリックし、「軸の並べ替え」の「年代」と「昇順で並べ替え」にチェックを付け、年代順に並べ替えます。

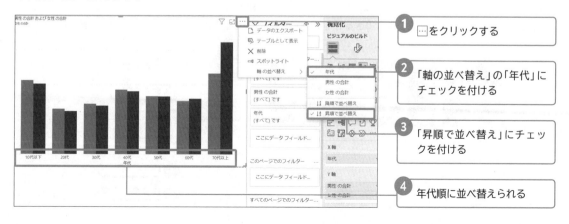

① ⋯ をクリックする

② 「軸の並べ替え」の「年代」にチェックを付ける

③ 「昇順で並べ替え」にチェックを付ける

④ 年代順に並べ替えられる

定数線を追加する

　視覚化ペインで🔍をクリックし、「定数線」の「設定を適用する」の「行の追加」をクリックし、集合縦棒グラフ内に定数線を追加します。定数線は「線」の「値」に任意の値を入力して設定できます。ここでは「10000000」で設定します。

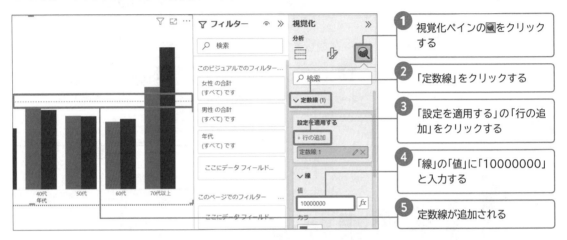

① 視覚化ペインの🔍をクリックする

② 「定数線」をクリックする

③ 「設定を適用する」の「行の追加」をクリックする

④ 「線」の「値」に「10000000」と入力する

⑤ 定数線が追加される

　「定数線」の「設定を適用する」で定数線の名前を選択したうえで、「定数線」の「線」の書式を変更すれば、見やすく仕上げることができます。

● 定数線の線の書式設定

① 値	定数線の値を数値で指定できる。
② カラー	定数線の色を設定できる。
③ 透過性 (%)	パーセンテージを入力するか、スライダーを左右に動かして透過性を設定できる。規定値は50％で数値が低いほど濃くなる。
④ スタイル	線のスタイルを設定できる。「破線」（規定値）のほか、「実線」「点線」がある。
⑤ 位置	線の位置を設定できる。「前面」（規定値）のほか、グラフの背面に設定できる「遅延」がある。

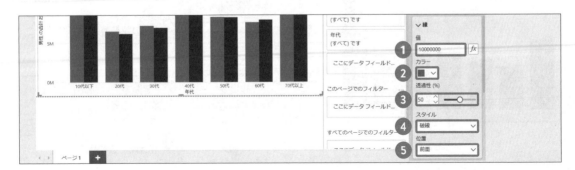

定数線のデータラベルを表示するには、「定数線」の「設定を適用する」で定数線の名前を選択したうえで、「定数線」の「データラベル」のをクリックします。データラベルも書式を変更し、見やすく仕上げることができます。

● 定数線のデータラベルの書式設定

① 水平方向の位置	グラフの左右の位置を設定できる。「左へ移動」が規定値。
② 縦位置	定数線に対してラベルの上下の位置を設定できる。「上」が規定値。
③ スタイル	データラベルの表示内容を設定できる。「データ値」は定数線の値。「名前」は定数線のラベル名。「双方向」は値とラベル名。
④ 色	データラベルの色を設定できる。
⑤ 表示単位	データラベルを「データ値」で表示する場合の表示単位を設定できる。
⑥ 小数点以下桁数の値	データラベルを「データ値」で表示する場合の小数点以下の桁数を設定できる。「自動」を選択、もしくは小数点以下の桁数を数値で入力。

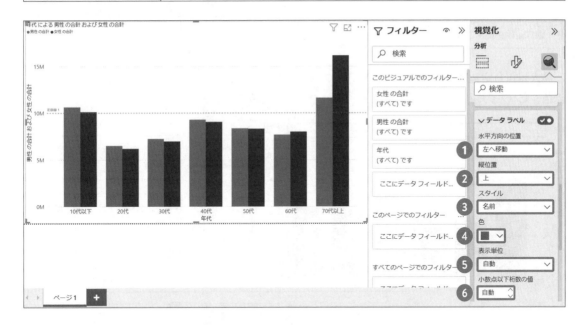

ここでは、「スタイル」を「データ値」から「名前」に変更し、定数線のラベル名を表示しています。

最大値線を追加する

続いて、視覚化ペインで◉をクリックし、「最大値線」の「設定を適用する」の「行の追加」をクリックし、最大値線を追加します。今回は男性と女性の2系列のうち、女性の系列を選択して設定します。

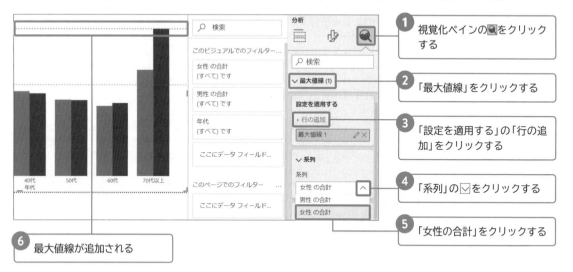

1 視覚化ペインの◉をクリックする

2 「最大値線」をクリックする

3 「設定を適用する」の「行の追加」をクリックする

4 「系列」の☑をクリックする

5 「女性の合計」をクリックする

6 最大値線が追加される

最大値線も定数線と同様に、書式やデータラベルを設定することができます。ここでは、「色」を赤色、「スタイル」を「実線」に変更し、データラベルを表示します。

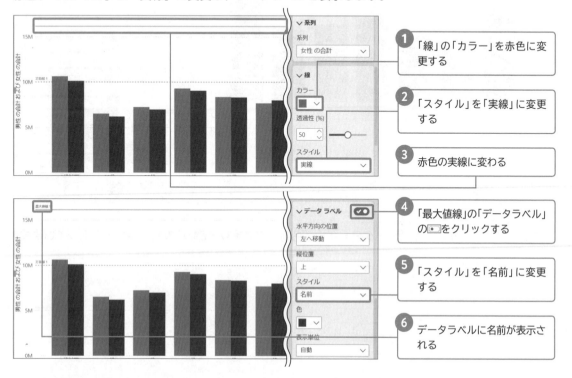

1 「線」の「カラー」を赤色に変更する

2 「スタイル」を「実線」に変更する

3 赤色の実線に変わる

4 「最大値線」の「データラベル」の⚫をクリックする

5 「スタイル」を「名前」に変更する

6 データラベルに名前が表示される

208

最小値線を追加する

続いて、視覚化ペインで🔍をクリックし、「最小値線」の「設定を適用する」の「行の追加」をクリックし、最小値線を追加します。今回は男性と女性の2系列のうち、女性の系列を選択して設定します。

1. 視覚化ペインの🔍をクリックする
2. 「最小値線」をクリックする
3. 「設定を適用する」の「行の追加」をクリックする
4. 「系統」で「女性の合計」を選択する
5. 最小値線が追加される

最小値線も同様に、書式やデータラベルを設定することができます。ここでは、「色」を黒色に変更し、データラベルを表示します。

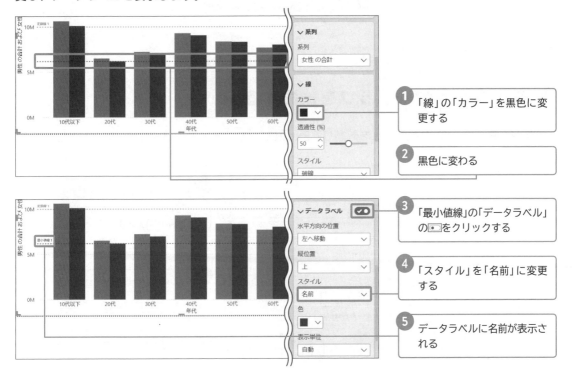

1. 「線」の「カラー」を黒色に変更する
2. 黒色に変わる
3. 「最小値線」の「データラベル」の▣をクリックする
4. 「スタイル」を「名前」に変更する
5. データラベルに名前が表示される

スモールマルチプルで複数グラフを同時に作る

Power BI Desktop のスモールマルチプル機能を使えば、横棒グラフや縦棒グラフなどで、複数のグラフを同時に作成することができます。ここでは、8 つの集合横棒グラフを同時に作成する操作方法を見ていきましょう。

このSECTIONでやること

あらかじめ「C ドライブ」に「Sample-PowerBI」フォルダーを用意し、Excel ブック「年代別人口 - 令和・都道府県別 .xlsx」を入れておきます。Power BI Desktop で Excel ブックに接続し、関東地方や近畿地方など 8 つのエリアごとの年代別人口を表す個々の集合横棒グラフを、スモールマルチプルで同時に作成します。

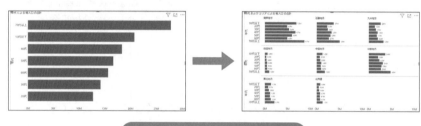

8つの集合横棒グラフを作成する

複数の集合横棒グラフを作成する

まずは、Power BI Desktop を起動し、Excel ブック「年代別人口 - 令和・都道府県別 .xlsx」に接続します。

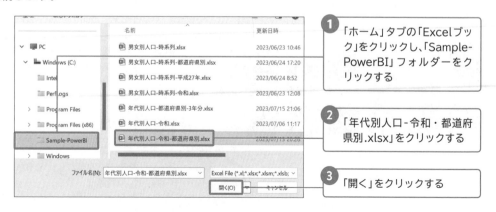

1 「ホーム」タブの「Excelブック」をクリックし、「Sample-PowerBI」フォルダーをクリックする

2 「年代別人口 - 令和・都道府県別 .xlsx」をクリックする

3 「開く」をクリックする

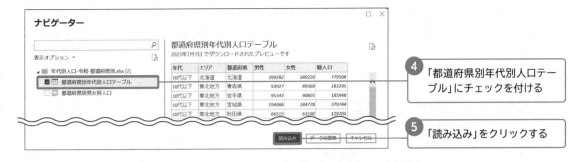

「都道府県別年代別人口テーブル」にチェックを付ける

「読み込み」をクリックする

読み込んだデータで通常の集合横棒グラフを作成します。

❶ 視覚化ペインで⟨図⟩をクリックして集合横棒グラフを配置する

❷ 「総人口」を「X軸」にドラッグして配置する

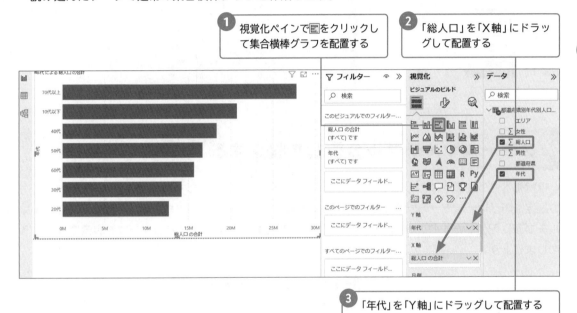

❸ 「年代」を「Y軸」にドラッグして配置する

続いて、集合横棒グラフをスモールマルチプルでエリアごとに分割します。そのためには、データペインの「エリア」を視覚化ペインの「スモールマルチプル」にドラッグして配置します。

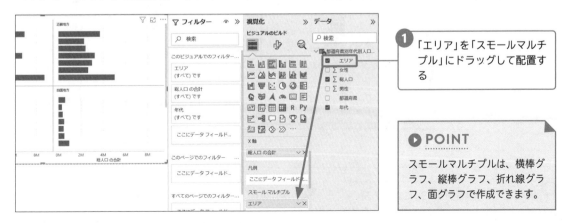

❶ 「エリア」を「スモールマルチプル」にドラッグして配置する

▶ **POINT**

スモールマルチプルは、横棒グラフ、縦棒グラフ、折れ線グラフ、面グラフで作成できます。

グラフエリアが分割され、年代別人口を表す集合横棒グラフが 8 つのエリアごとに作成されました。下方向にスクロールするとすべてのエリアのグラフを見ることができます。グラフは 2 行 2 列で表示されます。

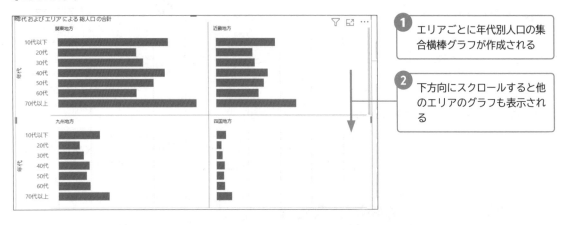

① エリアごとに年代別人口の集合横棒グラフが作成される

② 下方向にスクロールすると他のエリアのグラフも表示される

スモールマルチプルの書式を設定する

視覚化ペインで🖊をクリックし、「ビジュアル」タブの「スモールマルチプル」の「レイアウト」の設定を開けば、スモールマルチプルの行数や列数を変更することができます。今回は、スモールマルチプルに配置したエリアが 8 つなので、3 行 3 列に変更して、すべてのグラフを表示できるようにしましょう。

① 視覚化ペインで🖊をクリックする

② 「ビジュアル」タブの「スモールマルチプル」をクリックする

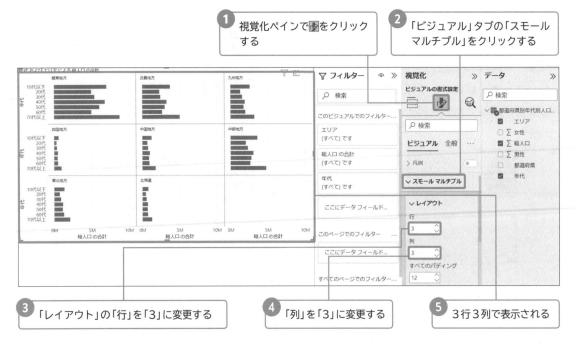

③ 「レイアウト」の「行」を「3」に変更する

④ 「列」を「3」に変更する

⑤ 3 行 3 列で表示される

「スモールマルチプル」の「罫線」で、グラフエリアを分割する罫線の書式を設定することもできます。

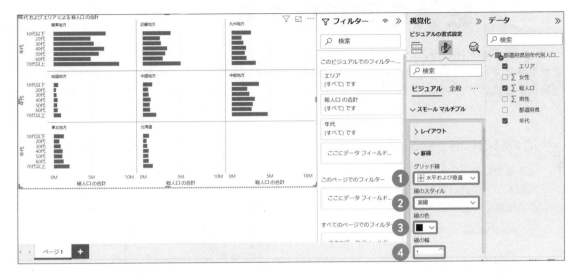

◉ スモールマルチプルの罫線の書式設定

❶ グリッド線	グリッド線を「すべて」「水平および垂直」「水平のみ」「垂直のみ」「なし」から選択できる。	
❷ 線のスタイル	線のスタイルを設定できる。「実線」「破線」「点線」から選択できる。	
❸ 線の色	グリッド線の色を設定できる。	
❹ 線の幅	グリッド線の幅を数値で指定できる。	

　また、各グラフにデータラベルを表示することもできます。視覚化ペインの「ビジュアル」タブの「データラベル」の⬛をクリックしてオンにします。

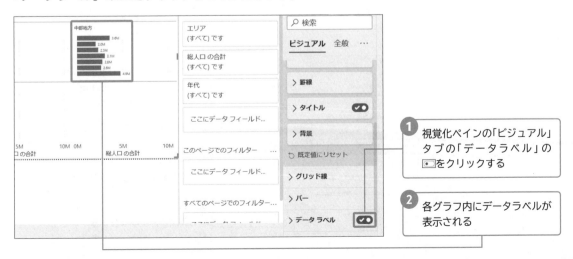

❶ 視覚化ペインの「ビジュアル」タブの「データラベル」の⬛をクリックする

❷ 各グラフ内にデータラベルが表示される

SECTION 44 スパークラインで数値を可視化する

Power BI Desktop のスパークライン機能を使えば、集計表の各行の中に小さなグラフを作ることができます。ここでは集計表に折れ線のスパークラインを追加して、各行の数値をわかりやすく可視化する操作方法を見ていきましょう。

このSECTIONでやること

あらかじめ「C ドライブ」に「Sample-PowerBI」フォルダーを用意し、Excel ブック「年代別人口 - 都道府県別 - 3年分 .xlsx」を入れておきます。Power BI Desktop で Excel ブックに接続し、都道府県別の男女別人口を表す集計表の各行内に、スパークラインを作成します。

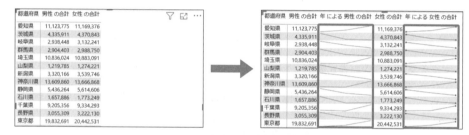

スパークラインを追加する

集計表を作成する

まず、Power BI Desktop を起動し、Excel ブック「年代別人口 - 都道府県別 - 3年分 .xlsx」に接続します。

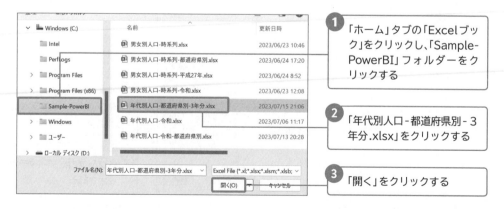

1 「ホーム」タブの「Excel ブック」をクリックし、「Sample-PowerBI」フォルダーをクリックする

2 「年代別人口 - 都道府県別 - 3年分 .xlsx」をクリックする

3 「開く」をクリックする

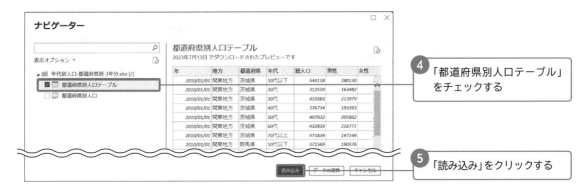

読み込んだデータで、都道府県別の男女別人口を表す集計表を作成します。

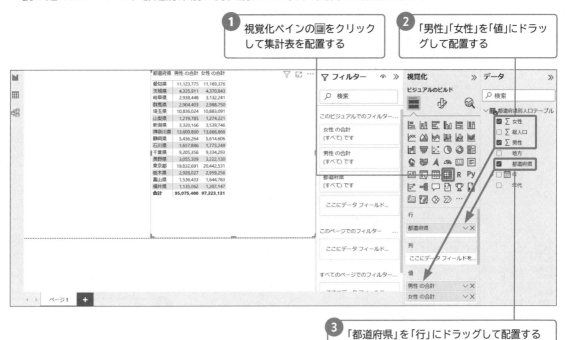

1 視覚化ペインの▦をクリックして集計表を配置する

2 「男性」「女性」を「値」にドラッグして配置する

3 「都道府県」を「行」にドラッグして配置する

各集計列の隣にスパークラインを作成する

　スパークラインは、集計表のセル内に配置される小さなグラフで、数値データを手軽に可視化できます。スパークラインは視覚化ペインの「値」に配置した数値のフィールドで利用でき、セル内に折れ線グラフや縦棒グラフとして表示することができます。

　ここでは、都道府県別の男性人口と女性人口にそれぞれ折れ線のスパークラインを追加して、データを可視化してみましょう。まず、男性の人口からです。視覚化ペインの「値」に配置した「男性の合計」の▽をクリックし、「スパークラインの追加」をクリックして追加します。

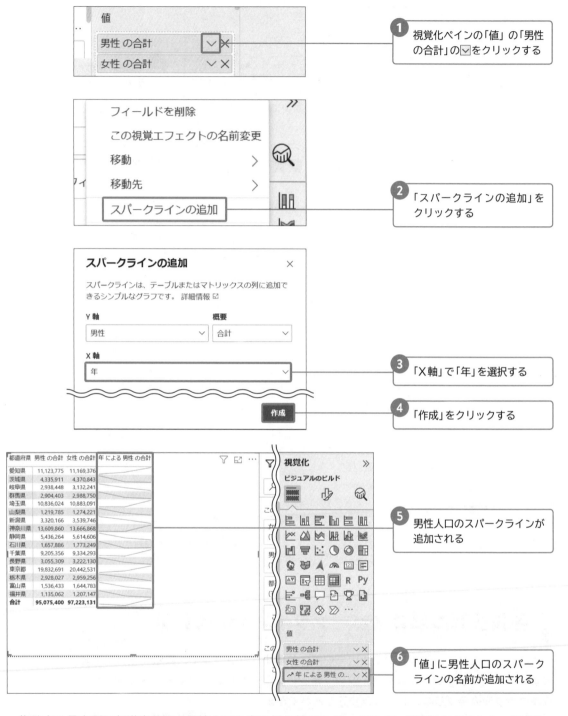

① 視覚化ペインの「値」の「男性の合計」の☑をクリックする

② 「スパークラインの追加」をクリックする

③ 「X軸」で「年」を選択する

④ 「作成」をクリックする

⑤ 男性人口のスパークラインが追加される

⑥ 「値」に男性人口のスパークラインの名前が追加される

　集計表の最右列に都道府県別の男性人口を表す折れ線のスパークラインが追加されました。同様に、女性の人口を表すスパークラインも追加します。「値」に配置した「女性の合計」の☑をクリックし、「スパークラインの追加」をクリックして追加します。

1 「値」の「女性の合計」☑をクリックする

2 「スパークラインの追加」をクリックする

3 「X軸」で「年」を選択する

4 「作成」をクリックする

5 女性人数のスパークラインが追加される

　作成されたスパークラインの列を移動することもできます。わかりやすいよう、「男性の合計」列の右側に男性人口のスパークラインを移動しましょう。視覚化ペインの「値」の「年による男性の合計」（スパークライン）をドラッグし、「女性の合計」の上に移動します。

1 「年による男性の合計」を「女性の合計」の上にドラッグして移動する

2 男性人口のスパークラインが「男性の合計」の右隣に移動する

　スパークラインのグラフの種類や色などの書式を設定することもできます。視覚化ペインで📝をクリックし、「ビジュアル」タブの「スパークライン」の「設定を適用する」でスパークラインを選択後、「スパークライン」で書式を設定します。女性人口のスパークラインを赤色に変更してみましょう。

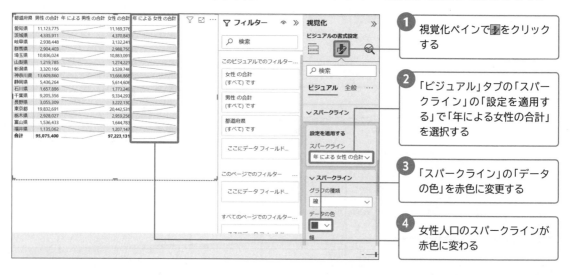

1 視覚化ペインで📝をクリックする

2 「ビジュアル」タブの「スパークライン」の「設定を適用する」で「年による女性の合計」を選択する

3 「スパークライン」の「データの色」を赤色に変更する

4 女性人口のスパークラインが赤色に変わる

　また、「スパークライン」の「これらのマーカーを表示」で、スパークラインにマーカーを表示することも可能です。

1 「スパークライン」の「これらのマーカーを表示」で、マーカーを表示したい値(ここでは「最高」「最低」)にチェックを付ける

2 スパークラインの最高値と最低値にマーカーが表示される

レポートを
ダッシュボードに
まとめよう

・・・・・・・

これまでに Power BI Desktop で
レポートの作成方法を確認してきましたが、
最後にこれらのレポートを
Power BI サービスで利用する方法を覚えましょう。
作成したレポートをダッシュボードに
見やすくまとめる方法も解説します。

SECTION 45

レポートをPower BIサービスに発行する

Power BI Desktop で作成したレポートを Power BI サービスで利用するためには、Power BI Desktop から Power BI サービスへ、レポートの「発行」を行います。発行の方法とあわせて、Power BI サービスでレポートを修正する方法も見ていきましょう。

このSECTIONでやること

あらかじめ「C ドライブ」に「Sample-PowerBI」フォルダーを用意し、Excel ブック「年代別人口 - 令和 - 都道府県別 .xlsx」を入れておきます。Power BI Desktop で Excel ブックに接続してレポートを作成し、それを Power BI サービスに発行して、Power BI サービスで編集します。

Power BI Desktop　　　　　**Power BIサービス**

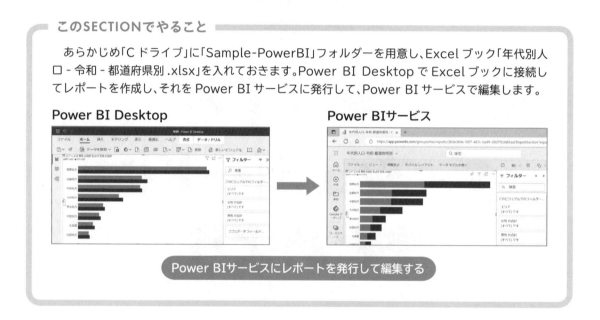

Power BIサービスにレポートを発行して編集する

Power BI Desktopでレポートを作成する

まずは、Power BI サービスで利用するレポートを、Power BI Desktop で作成します。Power BI Desktop を起動し、Excel ブック「年代別人口 - 令和 - 都道府県別 .xlsx」に接続します。

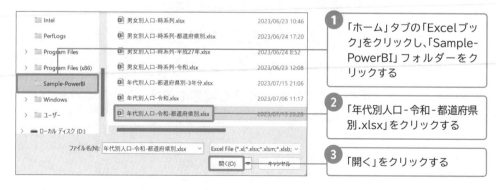

1 「ホーム」タブの「Excel ブック」をクリックし、「Sample-PowerBI」フォルダーをクリックする

2 「年代別人口 - 令和 - 都道府県別 .xlsx」をクリックする

3 「開く」をクリックする

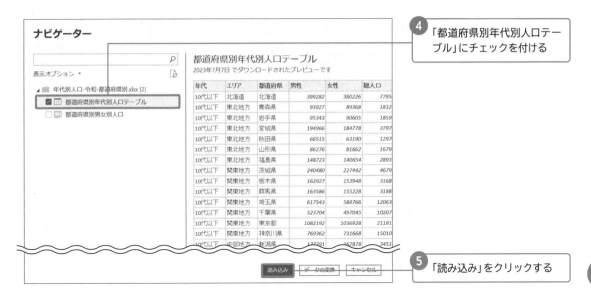

読み込んだデータで、エリア別男女別の人口を表す集合横棒グラフを作成します。

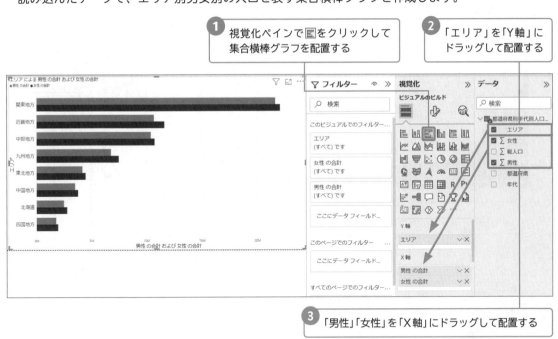

さらにページを追加しましょう。キャンバス左下の⊞をクリックしてページを追加し、スライサーと集合縦棒グラフを作成します。

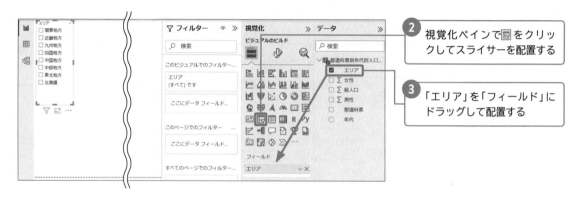

2 視覚化ペインで[aaa]をクリックしてスライサーを配置する

3 「エリア」を「フィールド」にドラッグして配置する

スライサーの右側に、都道府県別人口を表す集合縦棒グラフを作成します。グラフを追加したら、スライサーで「関東地方」を選択します。

1 視覚化ペインで[aaa]をクリックして集合縦棒グラフを配置する

2 「総人口」を「Y軸」にドラッグして配置する

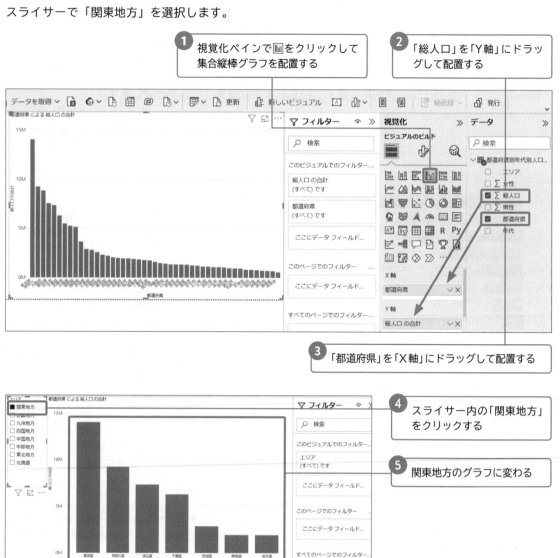

3 「都道府県」を「X軸」にドラッグして配置する

4 スライサー内の「関東地方」をクリックする

5 関東地方のグラフに変わる

レポートをPower BI サービスに発行する

完成した2ページ分のレポートを、Power BI サービスで利用できるように発行します。発行するには、「ホーム」タブの「発行」をクリックします。

① 「ホーム」タブをクリックする

② 「発行」をクリックする

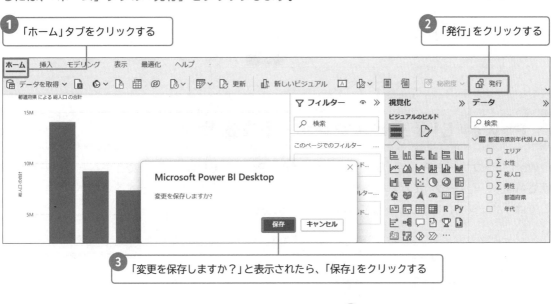

③ 「変更を保存しますか？」と表示されたら、「保存」をクリックする

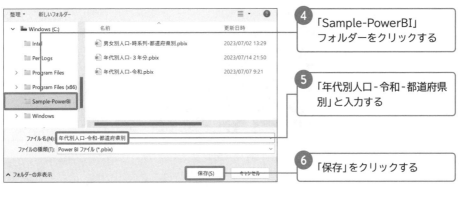

④ 「Sample-PowerBI」フォルダーをクリックする

⑤ 「年代別人口-令和-都道府県別」と入力する

⑥ 「保存」をクリックする

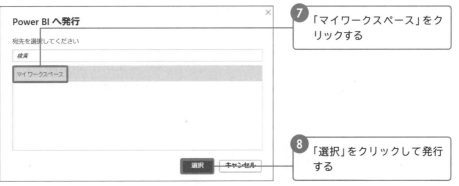

⑦ 「マイワークスペース」をクリックする

⑧ 「選択」をクリックして発行する

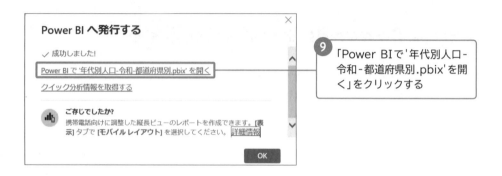

⑨「Power BIで '年代別人口-令和-都道府県別.pbix' を開く」をクリックする

Power BIサービスでレポートを操作する

Webブラウザーで Power BI サービスが開き、Power BI Desktop で作成したレポートが表示されます。「ページ」でページを切り替えて、各ページのレポートを表示することができます。ここでは「ページ2」をクリックして「ページ2」に切り替えましょう。

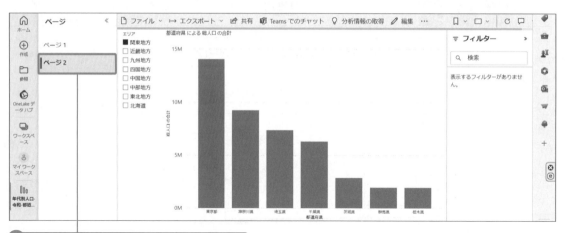

❶「ページ2」をクリックしてページを切り替える

スライサーも Power BI Desktop と同様に操作できます。スライサーで「近畿地方」を選択し、近畿地方の集合縦棒グラフに変更してみましょう。

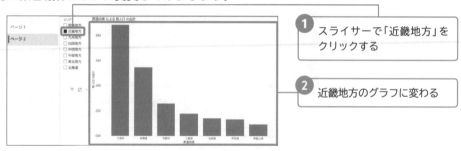

❶ スライサーで「近畿地方」をクリックする

❷ 近畿地方のグラフに変わる

Power BI サービスでレポートを修正することもできます。該当するレポートを選択し、「編集」をクリックします。「ページ1」を表示し、集合横棒グラフを選択して「編集」をクリックします。

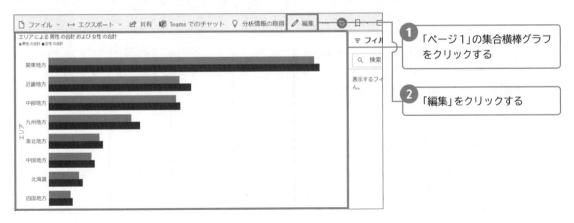

① 「ページ1」の集合横棒グラフをクリックする

② 「編集」をクリックする

レポートの編集画面が表示されます。レポートの編集画面の操作は、Power BI Desktop とほぼ同じです。

ここでは、グラフの種類を積み上げ横棒グラフに変更してみましょう。

① 視覚化ペインで🗐をクリックする

② 積み上げ横棒グラフに変わる

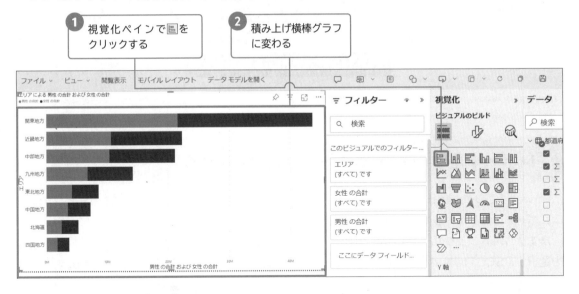

レポートを編集したら保存しておきます。「ファイル」タブから「保存」をクリックします。

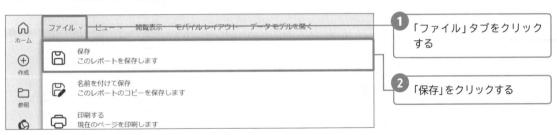

① 「ファイル」タブをクリックする

② 「保存」をクリックする

SECTION 46 ダッシュボードを作成する

作成したレポートは、用途や目的ごとに Power BI サービスのダッシュボードにまとめて、資料を作ることができます。Power BI サービスを使ってレポートをダッシュボードにまとめ、タイトルなどを編集して仕上げる方法を確認しましょう。

このSECTIONでやること

SECTION 45 で保存したレポート「年代別人口 - 令和 - 都道府県別」を開き、このレポートから複数のグラフを選択して、ダッシュボードを作成します。

ダッシュボードにレポートをまとめる

レポートをダッシュボードにピン留めする

Power BI Desktop や Power BI サービスで作成したレポートは、Power BI サービスのダッシュボードにピン留めしてまとめることができます。

まずは、Web ブラウザーで Power BI サービスを起動します。ホーム画面で「マイワークスペース」を選択し、SECTION 45 で保存したレポート「年代別人口 - 令和 - 都道府県別」を開きます。

① 「マイワークスペース」をクリックする

▶ **POINT**

画面左側のナビゲーションウィンドウから「マイワークスペース」を選択することも可能です。

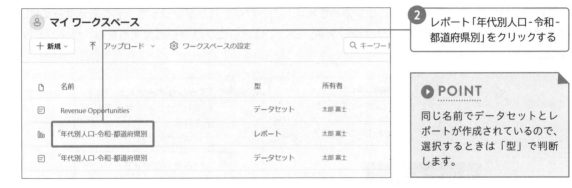

2 レポート「年代別人口-令和-都道府県別」をクリックする

▶ POINT

同じ名前でデータセットとレポートが作成されているので、選択するときは「型」で判断します。

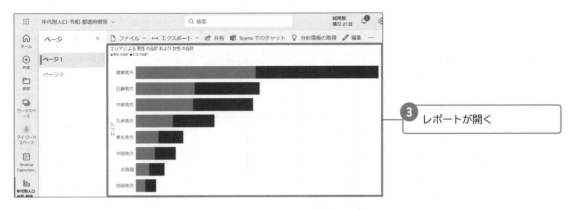

3 レポートが開く

それでは、グラフを選択してダッシュボードにピン留めし、グラフを追加してみましょう。グラフをピン留めするには、グラフ右上の📌をクリックします。

1 積み上げ横棒グラフをクリックして、📌をクリックする

「ダッシュボードにピン留め」画面が表示されます。ダッシュボードを新しく作るため、「新しいダッシュボード」を選択し、「ダッシュボード名」に「エリア別人口」と入力し、「ピン留め」をクリックします。

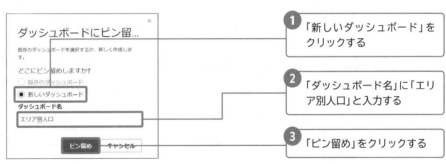

1 「新しいダッシュボード」をクリックする

2 「ダッシュボード名」に「エリア別人口」と入力する

3 「ピン留め」をクリックする

これでグラフがダッシュボードにピン留めされました。作成されたダッシュボードを表示するには、画面内の「ダッシュボード」をクリックします。ここではさらにグラフを追加するため、ウィンドウを閉じます。

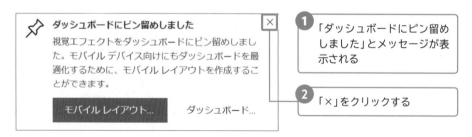

今度は、「ページ 2」をクリックして「ページ 2」を表示し、集合縦棒グラフを先ほどのダッシュボードにピン留めします。このように、各ページに作成された複数のレポートを 1 つのダッシュボードとしてまとめることができます。

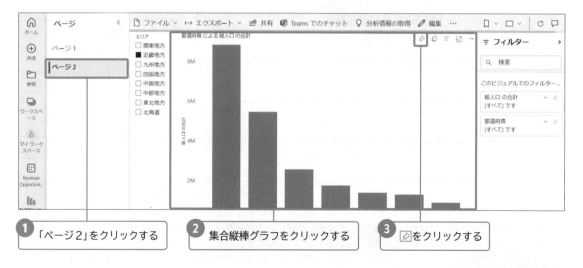

「ダッシュボードにピン留め」画面が表示されます。先ほど作成したダッシュボードにピン留めするため、「既存のダッシュボード」を選択し、ダッシュボード「エリア別人口」を選択してピン留めします。

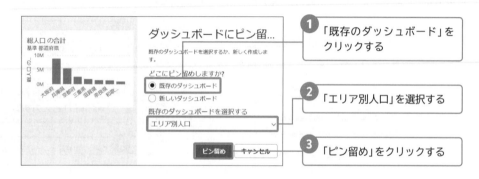

ダッシュボードでタイトル・サブタイトルを編集する

それでは、作成したダッシュボードを開いてみましょう。画面左側のナビゲーションウィンドウの「マイワークスペース」で、ダッシュボード「エリア別人口」を選択します。

① ナビゲーションウィンドウの「マイワークスペース」をクリックする

② 「エリア別人口」をクリックする

ダッシュボード「エリア別人口」に2つのグラフが配置されていることが確認できます。

また、グラフ右上の⋯から「詳細の編集」をクリックして「タイルの詳細」画面を表示し、ダッシュボードに配置したグラフを編集することもできます。それでは、集合横棒グラフのグラフタイトルを編集したうえ、サブタイトルを追加してみましょう。

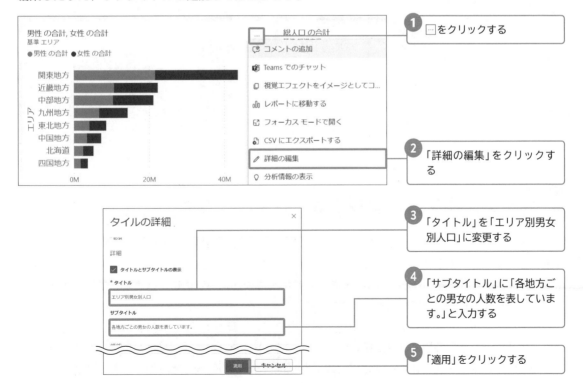

① ⋯をクリックする

② 「詳細の編集」をクリックする

③ 「タイトル」を「エリア別男女別人口」に変更する

④ 「サブタイトル」に「各地方ごとの男女の人数を表しています。」と入力する

⑤ 「適用」をクリックする

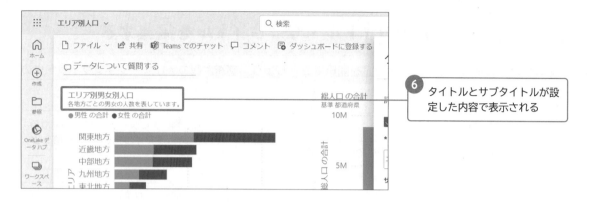

6 タイトルとサブタイトルが設定した内容で表示される

　なお、タイトルやサブタイトルを非表示にしたい場合は、「タイルの詳細」画面で「タイトルとサブタイトルの表示」のチェックを外します。

　また、レポートをクリックすると、レポートビューに移動します。そこでグラフの詳細を編集することが可能です。

　加えて、配置されたグラフのサイズや位置も自由に変更することができます。グラフの位置を移動したい場合は、グラフを選択してドラッグします。グラフのサイズを調整したい場合は、グラフ右下の⌐を斜めにドラッグして調整します。

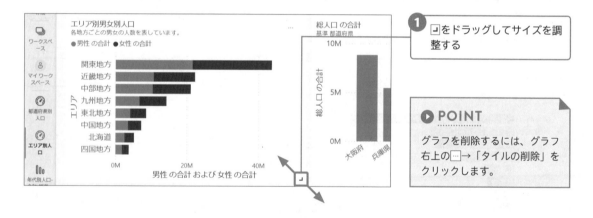

1 ⌐をドラッグしてサイズを調整する

▶ POINT

グラフを削除するには、グラフ右上の⋯→「タイルの削除」をクリックします。

ページ全体をピン留めする

　これまでに確認してきたように、ダッシュボードには、レポートの各ページに配置されたグラフや表を選択してピン留めすることができます。ピン留めするグラフや表を任意に選択できるので便利です。

　また、ページ内に配置されたグラフや表をまとめてダッシュボードにピン留めすることもできます。つまり、ページ全体をピン留めするものです。

　それでは、レポート「年代別人口 - 令和 - 都道府県別」に戻って「ページ2」を開き、配置されているスライサーと集合縦棒グラフを新しいダッシュボードにまとめてピン留めしてみましょう。

　ページ内のグラフを選択せずに、画面右上の⋯から「ダッシュボードにピン留め」をクリックします。

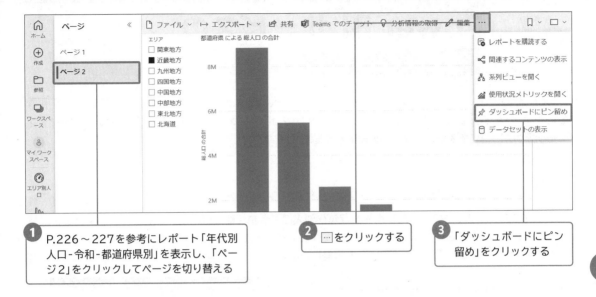

1 P.226～227を参考にレポート「年代別人口 - 令和 - 都道府県別」を表示し、「ページ2」をクリックしてページを切り替える

2 … をクリックする

3 「ダッシュボードにピン留め」をクリックする

「ダッシュボードにピン留め」画面が表示されます。「新しいダッシュボード」を選択し、名前を入力してピン留めします。「既存のダッシュボード」を選択すれば、既存のダッシュボードにピン留めすることも可能です。

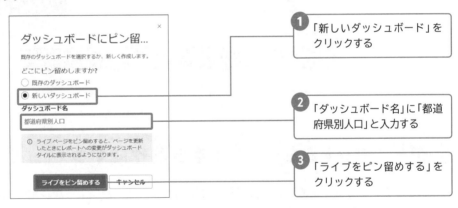

1 「新しいダッシュボード」をクリックする

2 「ダッシュボード名」に「都道府県別人口」と入力する

3 「ライブをピン留めする」をクリックする

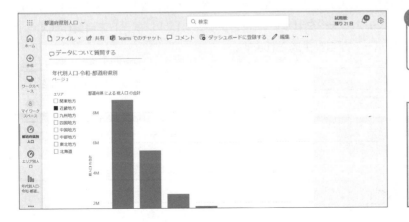

4 新しいダッシュボード「都道府県別人口」に「ページ2」全体がピン留めされる

> ▶ **POINT**
>
> ページ全体をピン留めした場合、ページの更新時にレポートへの変更がダッシュボードに反映されます。

231

SECTION 47

Power BI サービスの便利な使い方

Power BI サービスには、ダッシュボード、レポート、データセットのそれぞれに関して、便利な機能があります。ここでは、データセットからレポートを自動作成する方法や、レポートをPowerPointにエクスポートする方法などを紹介します。

このSECTIONでやること

SECTION 45 で保存したレポート「年代別人口 - 令和 - 都道府県別」を開き、データセットからレポートを自動作成したり、レポートを PowerPoint にエクスポートしたりします。また、ダッシュボードのモバイルレイアウトも編集します。

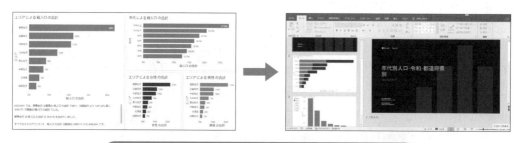

レポートを自動作成してPowerPointへエクスポートする

データセットからレポートを自動作成する

これからデータ分析を始める人や分析業務に不慣れな人は、どのようなレポートを作ったらよいかわからないかもしれません。そのような人のために、Power BI サービスにはレポートを自動作成する機能があります。マイワークスペースでデータセットの⋯をクリックし、「レポートを自動作成する」をクリックするだけで、複数のレポートが自動生成されます。

1 「マイワークスペース」をクリックする

2 データセット「年代別人口-令和-都道府県別」の⋯をクリックする

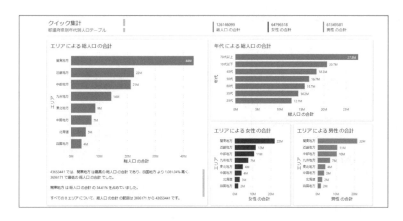

このように、データ内容に合わせて様々な項目での集計結果を基にグラフが作成されます。これから分析を行う場合は、自動作成されたグラフを参考にするとよいでしょう。

なお、自動作成されたレポートはそのまま保存することもできますし、自由に編集することも可能です。

レポートをPowerPointにエクスポートする

PowerPointで作成しているプレゼンテーション資料に、Power BIサービスで作成したレポートを盛り込みたい場合もあるでしょう。そのような場合のために、Power BIサービスではレポートをPowerPointにエクスポートすることができます。この場合、1ページが1スライドとして作成されます。また、表紙も自動作成されます。

エクスポートしたいレポートを表示し、「編集」をクリックして、「ファイル」タブから「PowerPointへエクスポート」をクリックします。

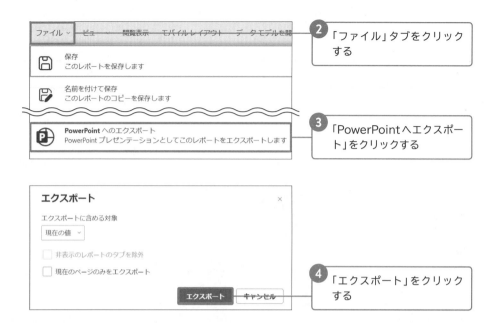

「ファイル」タブをクリックする ②

「PowerPointへエクスポート」をクリックする ③

「エクスポート」をクリックする ④

PowerPointのプレゼンテーションが作成されます。

COLUMN
レポートのエクスポートについて

Power BIサービスで作成したレポートは、手順③で「PDFにエクスポート」をクリックすることで、PDFファイルとしてエクスポートすることも可能です。そのほか、レポート右上の⋯→「データのエクスポート」をクリックすることで、データをExcelブックとしてエクスポートすることも可能です。ただし、アクセス制限があるデータの場合はエクスポートできないことに注意してください。

ダッシュボードのモバイルレイアウトを編集する

　Power BI サービスでは、パソコン用レイアウトのほかに、モバイル用レイアウトも設定できます。ここではダッシュボードでのモバイル用レイアウトの編集方法を見ていきましょう。
　レポートを表示し、「編集」から「モバイルレイアウト」をクリックします。

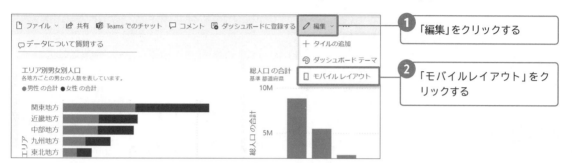

1 「編集」をクリックする

2 「モバイルレイアウト」をクリックする

　レポート内のグラフがすべて配置されます。モバイル上で不要なグラフは、グラフ右上の⊠をクリックして削除することができます。また、グラフのサイズはグラフ右下の⏋を斜めにドラッグして調整します。ここで編集・削除しても Web 用のレイアウトに影響はありません。「Web レイアウト」を選択するとモバイル用レイアウトの編集を終了し、パソコン用レイアウトに戻ります。

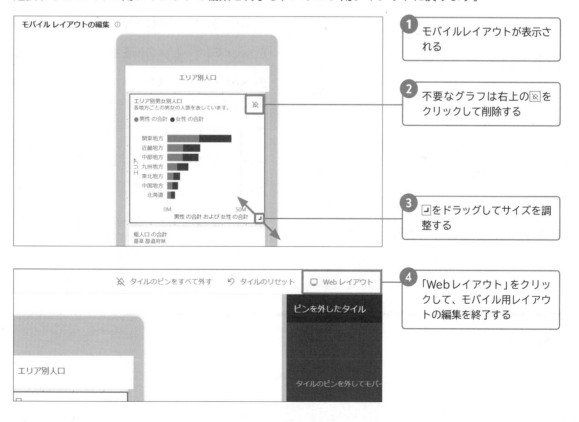

1 モバイルレイアウトが表示される

2 不要なグラフは右上の⊠をクリックして削除する

3 ⏋をドラッグしてサイズを調整する

4 「Webレイアウト」をクリックして、モバイル用レイアウトの編集を終了する

索引

ま〜も

ら〜わ

よくわかる
Power BIではじめる
ビジュアル分析入門

（FPT2307）

2023年10月9日　初版発行

著作／制作：株式会社富士通ラーニングメディア

発行者：青山　昌裕

発行所：FOM出版（株式会社富士通ラーニングメディア）
エフオーエム
　　　　〒212-0014 神奈川県川崎市幸区大宮町1番地5 JR川崎タワー
　　　　https://www.fom.fujitsu.com/goods/

印刷／製本：株式会社広済堂ネクスト

制作協力：株式会社 理感堂／Biz.Improve 小野眸／株式会社ライラック

● 本書に関するご質問は、ホームページまたはメールにてお寄せください。

　ホームページ

上記ホームページ内の「FOM出版」から「QAサポート」にアクセスし、「QAフォームのご案内」
からQAフォームを選択して、必要事項をご記入の上、送信してください。

　メール

FOM-shuppan-QA@cs.jp.fujitsu.com

なお、次の点に関しては、あらかじめご了承ください。
・ご質問の内容によっては、回答に日数を要する場合があります。
・本書の範囲を超えるご質問にはお答えできません。
・電話やFAXによるご質問には一切応じておりません。